高等职业教育“十三五”规划教材

（数字媒体技术专业核心课程群）

计算机图形创意

主　编　邓国萍

副主编　邱　雷　杨　诺

中国水利水电出版社

www.waterpub.com.cn

·北京·

内 容 提 要

本书以工作过程为导向，以任务驱动、工学结合为编写思路，结合广告设计师、网页设计师等数字媒体设计相关目标岗位的"岗位工作能力"确定课程教学内容。全书共分图形创意概述、图形语言、图形表现与创意、图形应用四大部分，14 个学习情境，重点突出，理论以适用为度，案例结构清晰、由浅入深，重点强调将所学理论和原理转化为实际设计能力，即"活学"，立足"学以致用"。

本书可作为高等职业院校计算机类、艺术类专业的教材，也可供成人高校及从事设计工作的各类人员学习参考。

图书在版编目（CIP）数据

计算机图形创意 / 邓国萍主编. -- 北京 : 中国水利水电出版社, 2019.4
高等职业教育"十三五"规划教材. 数字媒体技术专业核心课程群
ISBN 978-7-5170-7593-6

Ⅰ. ①计… Ⅱ. ①邓… Ⅲ. ①计算机图形学－高等职业教育－教材 Ⅳ. ①TP391.411

中国版本图书馆CIP数据核字(2019)第069215号

策划编辑：石永峰　　责任编辑：周益丹　　封面设计：李　佳

书　名	高等职业教育"十三五"规划教材（数字媒体技术专业核心课程群） 计算机图形创意　JISUANJI TUXING CHUANGYI
作　者	主　编　邓国萍 副主编　邱　雷　杨　诺
出版发行	中国水利水电出版社 （北京市海淀区玉渊潭南路 1 号 D 座 100038） 网址：www.waterpub.com.cn E-mail：mchannel@263.net（万水） sales@waterpub.com.cn 电话：（010）68367658（营销中心）、82562819（万水）
经　售	全国各地新华书店和相关出版物销售网点
排　版	北京万水电子信息有限公司
印　刷	雅迪云印（天津）科技有限公司
规　格	184mm×260mm　16 开本　14.75 印张　330 千字
版　次	2019 年 4 月第 1 版　2019 年 4 月第 1 次印刷
印　数	0001—3000 册
定　价	58.00 元

前　言

图形创意设计作为一种信息传播的媒介、沟通与交流的桥梁、传情达意的载体，在商业、文化、社会公共领域的作用和影响毋庸置疑。图形创意是设计基础教学的前端课程，在整体的平面设计教学体系中占有越来越重要的地位。

基于设计教育改革的不断深化，本书在教学内容的选择和编排上，摆脱以往基于学科体系教学模式的束缚，以项目任务的实施流程来组织和安排教学，以图释文，以鲜明的个性和美好的形式积极启发和引导学生创造性思维的培养和设计能力的培养，拓展了设计的视野和实际应用。在每个学习情境中整合了不同源流艺术的基础设计知识，案例结构清晰、由浅入深，强化了课程的综合时效，在基础教学中向专业设计延伸，提高学生对专业知识的整体性理解，是学生进行自我训练和自主学习的良好范本。

本书以工作过程为导向，以任务驱动、工学结合为编写思路，结合广告设计师、网页设计师等数字媒体设计相关目标岗位的“岗位工作能力”确定课程教学内容。全书共分图形概述、图形语言、图形表现与创意、图形应用四大部分，14 个学习情境，内容包括图形创意简介、图的发现与收集、物的表现、物与图的互动、图形创意的构成形式、图形的创意思维、图片的转换与拓展、图像几何变形、点的演绎、图形的综合应用等。教学内容和实践实施方案，强化了与后续课程“数字媒体设计”相衔接的内容，加强了对应用的实践，突出针对性、实验性和可操作性，强化“活学”并达到“学以致用”。

本书由重庆工程职业技术学院邓国萍任主编（负责全书统稿），邱雷和杨诺任副主编。学习情境 1 和 2 由杨诺编写，学习情境 7 和 12 由邱雷编写，学习情境 3 ～ 6、8 ～ 11、13 和 14 由邓国萍编写。

在本书编写过程中我们得到重庆工程职业技术学院信息工程学院院长杨智勇教授的大力支持和家人陈觉熠先生的帮助，在此表示感谢。为了教学需要，书中借鉴和采用了国内外优秀作品，因来源复杂，不能一一注明作者，在此向作品的作者表示歉意和衷心的感谢，并向提供图片的计算机 171 和 172 班的学生表示感谢。由于编者水平有限，书中难免存在疏漏和不足之处，恳请读者批评指正。

编者

2019 年 3 月

目　录

第一部分　图形创意概述

第二部分　图形语言

第三部分　图形表现与创意

第四部分　图形应用

第一部分
图形创意概述

学习情境 1　图形创意简介

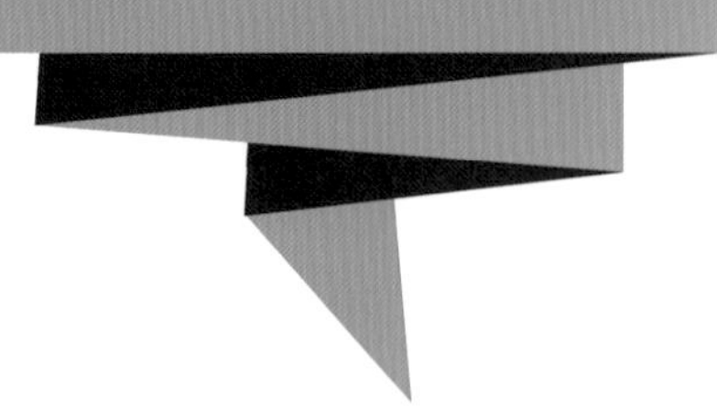

学习要点

- 了解图形创意的概念及图形的起源与发展。
- 了解图形创意的功能和应用。
- 了解图形创意的内容和学习方法。

任务描述

“图形”的英文为 graphic，它源于拉丁文 graphicus 和希腊文 graphikas，是指书画刻印的作品或说明性的图画。graphic 有印刷的含义，它是一种可以通过印刷及种种媒体大量复制和广泛传播的，用以传达信息、思想和观念的视觉形式。它是经过设计以说明某种信息、思想和观念的用于传播的视觉符号。这种视觉符号包括：

- 象征符号：有家徽、国徽、商标等。
- 指示符号：有交通标识、公共场所标识、专用标识（如服装、包装盒等上的各种图标）。
- 绘画性符号：在抽象的或具象的图形背后意喻着深刻的主题思想。因此说，“图形”就是“创意图形”的简称。创意就是创造新意，寻求新颖，追求独特的意念、主意和构想。而创意图形是经过设计者创造后，用独特的表现方法与创意设计图形来准确表达设计作品的主题，用艺术的手法将语言转变成图形的设计过程，并能够体现出创新意识的图形。而“图形创意”就是一种视觉传达设计。

“图形创意”作为一门基础课是有其重要意义的，它与其他课程共同构建起较为完整的基础知识体系。通过小组讨论的形式，用通俗易懂、简洁明快的图形语言，以视觉元素来传达作者所要表达的内容。同时也是对设计人才创造力的培养；设计思维与造型，眼、脑、手的训练。通过本课程的学习训练能掌握创造图形新形式和有效传达信息的视觉语言的基本技能，促进创新思维，培养现代设计的艺术观和审美观。

相关知识

1. 图形的起源

图形的起源，可追溯到人类的远古时期，是伴随着人类产生而产生的，当人类祖先在他们居住的洞穴和壁岩上作画时，图形就成为了联络的信息及表达感情和意识的媒介。在世界各地的林壑之间、山崖之上，先民们遗留下来的大量岩画都是他们以视觉形象表达自己的感情、交流思想观念时的产物。岩画大都在石质坚硬、石面光滑的岩石上创作。远古时期的人们以狩猎和采集为主，当时的岩画画面主要以动物和狩猎场面居多，动物群落有大角鹿、鸵鸟、野牛、野马、羚羊等，还有舞蹈场面、祈祷场面和人（兽）场面。早期岩画风格豪放粗犷，有很强的感染力。如图 1.1 和图 1.2 所示画面中所描绘的动物，一般都是意象化、符号化的，有着很强的象征性。表现上的自由、随意，反映了纯真、率直的原始精神，我们透过图形可以深切地感受到原始人类超自然的梦幻心理。当时绘画的目的并不是为了欣赏美，而是具有表情达意的作用，被作为一种沟通交流的媒介，这就成为最原始意义上的图形。

图 1.1　云南沧源岩画

图 1.2　西班牙阿尔塔米拉洞窟野牛岩画

岩画是人类原始时代自我表达的艺术形式。在原始社会里，由于生产力低下，还没有阶级，在这个时期出现的艺术，以其特有的风格，富有魅力地反映了人类社会的童年。虽然它们不可避免地带有某种幼稚和粗糙的痕迹，但却表现出一种生动的、朴素的和富于幻想的特色，而且这种特色具有不可为后世任何卓越的艺术品所代替的独特性和独立性。早在旧石器时代，人类的先民们就在山洞的岩石上刻画出狩猎的图像和野兽、家禽的形象，作为传播的媒介。这种岩画就是原始图形。而同时，作为部落标志的图腾，也是原始的图形。

2. 图形的演变发展

（1）是原始符号和原始文字的形成期，它带有很强的民族文化属性和神秘的原始精神。

早在旧石器时代，人类的先祖就开始用炭或矿物颜料在他们居住的洞穴中的岩壁上作画。《易经•系辞上•第一章》有解“形”的涵义:“在天成象，在地成形，变化见矣。”这样将日、月、星、辰、风、霜、雨、雪等说成天之形象。将山、川、土、石、鸟、兽、草、木等说成地之形象。“形由道生”即“形”以可视图形、形状、纹样等显现下的万物。“形而上者谓之道，形而下者谓之器。”道即自然规律、社会规律。如儿童画、民间剪纸，对于人来说，具有心理、生理的多方面感受。

图 1.3　将军崖岩画

图 1.4　书法字体演变

（2）是由于印刷术的发展和工业化的兴起，它给图形设计的传播带来了新的启示，媒体形式也得到广泛的拓展。欧洲的文艺复兴对于图形设计的发展是一个非常重要的历史阶段。如达 • 芬奇及同时代的其他艺术家和科学家在视觉原理和规律上的发现都成为图形设计的重要经验和具有科学性的设计技巧。1870 年平版印刷的改进，使图形设计作品获得更精致的色彩效果和图像效果。在两次世界大战中，各类海报和宣传品也得到了广泛传播，图形设计的样式和方法取得了很大的进步，多样化的创意形式不断出现。

（3）是由包豪斯的成立开创了现代图形设计的新纪元，为现代图形设计奠定了坚实的理论基础，它像一面设计界的旗帜，使设计步入了现代的新领域，随之引起了历史上的第三次重大变革。加之第二次世界大战后，由于文化科技的蓬勃发展和艺术思潮的影响，使各种设计的思想趋于完善，给图形设计的创意提供了思维上的可能性，设计思维超越了自然的限定，进入了现代设计的新时期。

3. 图形的功能

对于信息传播活动而言，图形具备很多传播上的优势：

- 图形是传播信息的形象简语，是最易识别和记忆的信息载体。
- 图形因具有丰富的可视性而成为极具吸引力的信息媒介。
- 图形语言是最具准确性的信息投射形式。
- 图形具有直观展示事实的表现优势，是大众传播中最具情绪感染力和精神浸透力量的信息传导形式。
- 图形又可以成为与观念心灵直接沟通的感应式语言形式。

图 1.5　德国魏玛包豪斯设计学院

因此，优秀的图形创意设计作品既要有强烈的艺术美，又要能满足信息传递的功能需要，使受众能够从中体会到设计者智慧的火花和趣味性视觉形式的审美享受。

（1）视觉审美性强。

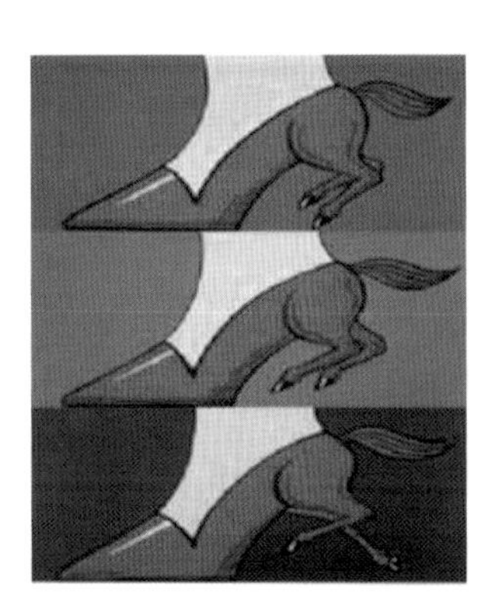

图 1.6

（2）能引发观众的联想。

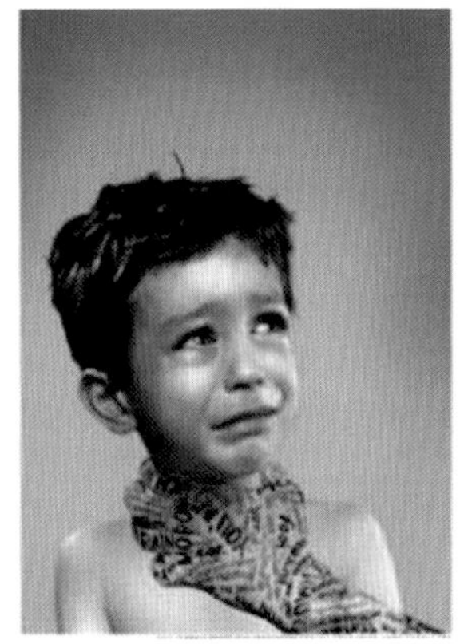

图 1.7

（3）简洁而不简单。

图 1.8

4. 图形创意的内容和学习方法

“图形创意”作为设计基础课程，在现代设计艺术中具有举足轻重的作用，解决的是视觉形象的创造和视觉语言的表达问题。它并不是单纯地满足画面的新、奇、特、异等视觉审美需求，而是以沟通观者和市场，并取得一定的文化启示效应为目的。它在让人欣赏到美妙图形设计的同时，通过直观创意图形形象，向观者传达一定的信息或理念，在瞬间留给人完整、深刻、强烈的生动印象，发人深省和传达视觉信息，使他们通过这些可视的形象体会作品内在的涵义。它能代替烦琐、抽象的文字，起到一目了然的作用和效果。优秀的创意图形能传达一定的哲学思辨和文化内涵。

学习中，必须理解图形创意中所包含的各种思维表现形式，注重培养学生创作图形想象的能力，包括构思和表现两方面的能力，建立起一种全新的视觉想象与呈现的手段，并在大量的作品练习中去理解和体会，要做到善于联想和想象，善于观察和思考。

任务实施

小组讨论并实施下列问题，记录、整理同学们的答案，并尝试用材料和实例说明观点：

（1）浏览包豪斯、现代设计及艺术史相关图书与网站，详细了解图形的起源与发展。

（2）通过浏览网页或者查阅书籍，深入了解“图形创意”这门课程的重要性。

（3）对专业设计有什么了解？哪些问题是希望在图形创意学习中获得解决的？

考核要点

该学习情境，进行的是有关图形创意概述方面的练习，积极引导学生了解图形创意作为设计类的基础课程，必须是在浏览和学习大量的作品，并且反复理解练习之后，才能有良好的设计能力。在学习过程中做到善于联想和想象，善于观察和思考。在该学习情境中主要对以下项目进行过程考核：

（1）图形的含义和功能。

（2）图形的起源与发展。

知识链接与能力拓展

1. 图形创意在设计中的应用

随着计算机辅助工具对设计的介入，图形设计的手法与表现也日趋多样化。它能够依托摄影、绘画、色彩的方式呈现，也可以用最根本的点、线、面构成来表现。表现方式也是多样的，可以是具象的也可以是抽象的；可以是二维的，也可以是三维的；可以是真实的，也可以是矛盾的。图形给了我们无限的想象空间，在这个空间里，能够注入设计者的激情和梦想、思想和技巧，使所要表达的意念呈现出来。

（1）招贴中的图形。

随着经济的发展，招贴设计的作用越来越大。图形、文字、色彩、肌理的合理编排是招贴设计的组成元素，而图形在招贴设计中起到的作用是其他元素不能替代的，是招贴设计中最为敏感和备受关注的视觉中心。图形以其独特的想象力在招贴设计中承载着核心信息，同时体现出独特的视觉魅力。

图 1.9　巴西利亚建城 50 周年招贴

图 1.10　2008 北京奥运招贴获奖作品

（2）包装中的图形。

要在包装设计上独创一格与个性显现，图形是很重要的表现手法，它起到了一种倾销员的作用，把包装内容物借视觉的作用传达给消费者，具有强烈的视觉冲击力，能够引起消费者的留意，从而产生购买欲。

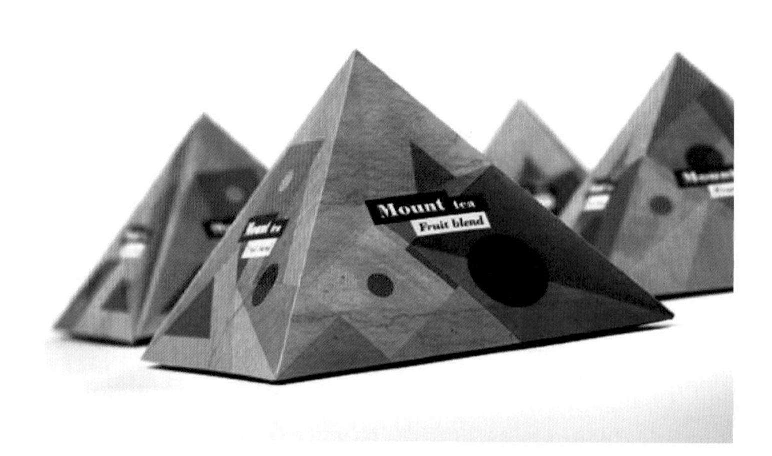

图 1.11　Taffy Twist 太妃糖

图 1.12 missile——导弹级能量饮品特性

图 1.13 Gallo Olive Oil 法式橄榄油

图 1.14　可口可乐之神秘侠

（3）标志中的图形。

标志图形追求直观准确地传达内涵，标志对图形、符号、色彩等设计元素进行巧妙合理的简化，使其“图简意赅”。标志具有高度概括和提炼的特征，是图形的浓缩与提取，突出和强化了对象的本质，以达到易于识别和指意明确的效果。

图 1.15　CAMEL 骆驼标志

图 1.16　Nike（耐克）标志

图 1.17　Unilever（联合利华）标志

（4）书籍设计中的图形。

书籍设计中通过对图形进行选择、提炼、加工来直观地诠释书籍的主题思想。封面中的主题图形成为书籍主题的表征，内页中的图形将书籍信息以图文并茂的形式呈现，通过图形的客观性、感知性来丰富文字的信息内容。

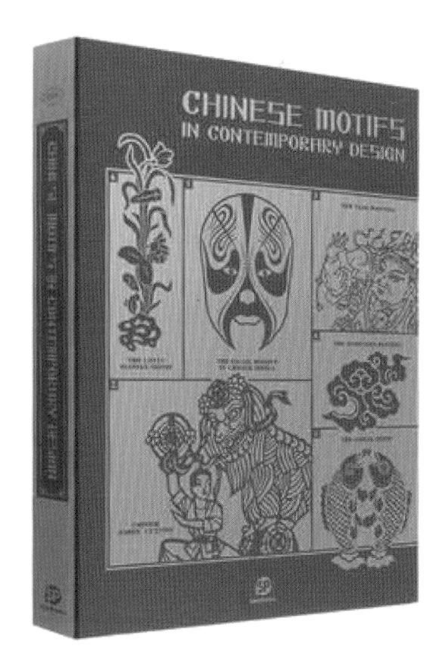

图 1.18　书籍设计

图 1.19　书籍设计

（5）公共识别系统中的图形。

公共识别系统中的图形是传递精准信息的工具，目的是直观、迅速、高效、无障碍地告知信息，实现精准的信息引导。在纷繁复杂的视觉信息中，公共识别系统中的图形具有约定成俗的范式。设计者需要充分考虑受众的信息接收方式和理解途径，实现“放之四海而皆准”的无障碍传播。

图 1.20　交通标识图形

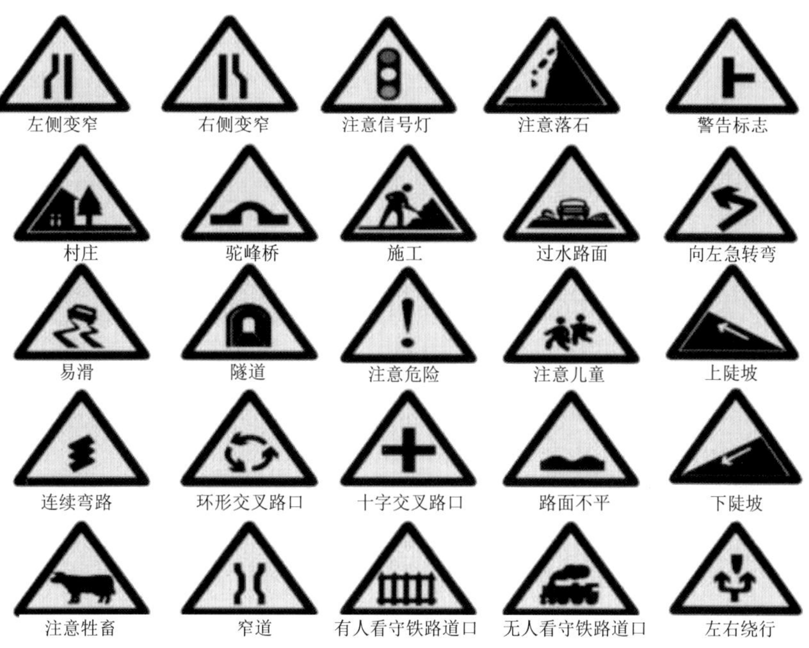

图 1.21 交通标识图形

图 1.22 导示图形

课后研讨

（1）“图形创意”这门课程的重要性是什么？图形创意与设计的关系是怎样的？

（2）说说你喜欢的设计作品。

学习情境 2　图形创意与现代绘画艺术

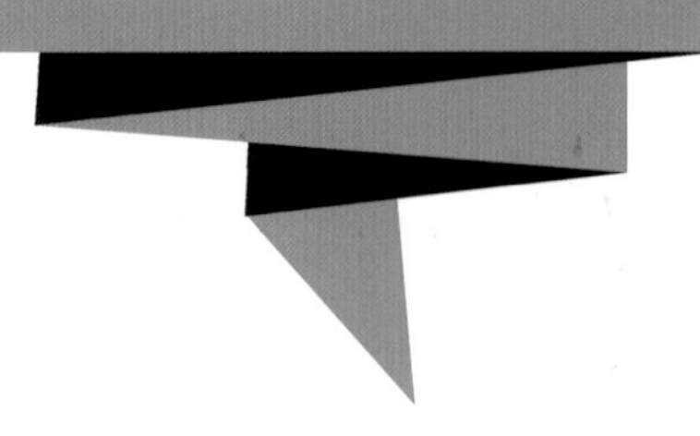

学习要点

- 了解现代绘画艺术的学习内容。
- 理解现代绘画中表现手法的借鉴。
- 理解创意思维的启发。

任务描述

在现代图形创意迅速发展的时期，西方的现代绘画艺术也在广泛地发展着。同过去相比，21 世纪绘画艺术中最有突破性的观点是关于自然世界的再现。几个世纪前的西方绘画艺术，一般说来，具有许多限制和停止的界限，反映能见世界的形式作为所有油画和雕塑的基础。艺术家们在绘画创作中除了偶尔使用抽象手法，即使是非具象的，也能找到与客观世界的联系，使人一目了然，人人都可欣赏。进入 20 世纪，艺术家们在创作中越来越多地采用抽象手法，把对客观世界的反映加以变形和加工，并逐渐演化为一种不可逆转的趋势。这种手法，抛弃了将客观世界作为衡量视觉艺术坐标的信条，并导致这样一种观念，即艺术属于美学的精华。

艺术家们的愿望是希望找到一种“环球”艺术语言。所谓“环球”艺术语言，是指创立一种无地域、风俗限制，东西方人皆能领悟，无论教养优劣、受教育与否，以致聪敏迟钝者皆能欣赏的艺术。立体主义、野兽主义、解构主义、超现实主义、表现主义、未来主义、构成主义等，如雨后春笋般地纷纷出现。这种创作思路与图形设计有许多契合之处，从而也给现代图形创意以程度不同的影响。

相关知识

1. 立体主义

立体主义 20 世纪初产生于法国，起源于塞尚的理论和创作实践，代表人物有毕加索、布拉克、莱热等，以毕加索的《亚威农少女》的诞生为标志。

立体主义首先对自然物象进行分析和判断，从中提取纯粹的形，使之几何形体化，而后将其分割成为各种几何形态，最后从各个试点将他们组合在一个平面上，注重画面的组织和平衡规律以及几何结构，重视艺术家的理解与表现，不完全模仿对象。

图 2.1 《镜前少女》毕加索

图 2.2 《亚威农少女》毕加索

图 2.3 《三乐师》毕加索

图 2.4 《哭泣的女人》毕加索

图 2.5　《格尔尼卡》毕加索

2. 野兽主义

以马蒂斯为代表的野兽主义，也是现代派艺术中颇具影响的一个流派。“野兽”一词，特指色彩鲜明，不拘一格，不管客观事物的外观如何，自由地运用强烈的色彩，构成以抽象的色块和线条组合起来的图景。野兽主义的艺术处理手法，特别是色彩的使用手法，为图形表现提供了借鉴。

图 2.6　《红色的餐桌》马蒂斯

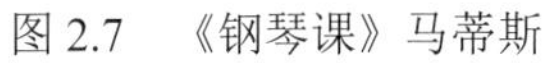

图 2.7 《钢琴课》马蒂斯

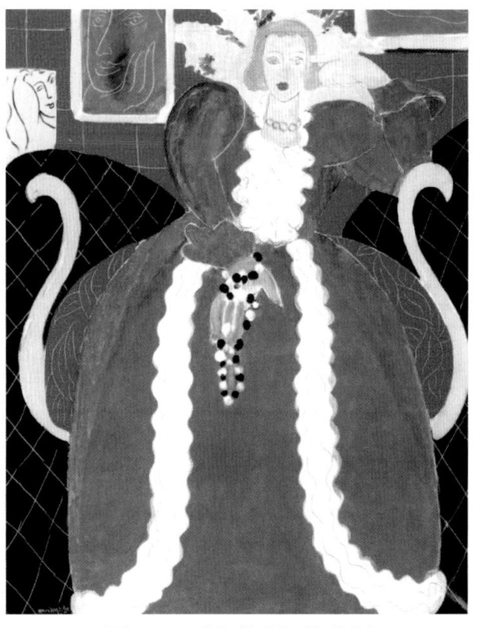

图 2.8 《含羞草》马蒂斯

3. 解构主义

解构主义反对二元主义，对现有规则与约定展开颠倒与翻转，强调多元化、模糊化，企图揭示多层面的意义，强调片段、解散、分离、缺少、无中心、偶然性等。

图 2.9 解构主义

图 2.10　解构主义

4. 未来主义

未来主义 20 世纪初产生于意大利，热衷于用抽象的线条、形状、色彩描绘一系列重叠的形和连续的组合，表达运动、速度和激情。未来主义艺术家更趋向于表现对速度、激情的崇拜，用线条和色彩描绘重叠、连续、交错的形态，将不同时间状态的画面组合在一起，这种融入了时间维度的创作思想引导图形创意走出静态的模式。

图 2.11　《被拴住的狗的动态》巴拉

图 2.12　《在阳台奔跑的女孩》 巴拉

图 2.13 《爱国庆祝会》卡拉

图 2.14 《塔巴林舞场有动态的象形文字》塞维里尼

5. 构成主义

构成主义主张以结构为主的设计，探索在几何形态的基础上构建新的形态和结构秩序，主张用形式的功能作用和结构的合理性来代替艺术的形象性。

图 2.15　构成主义

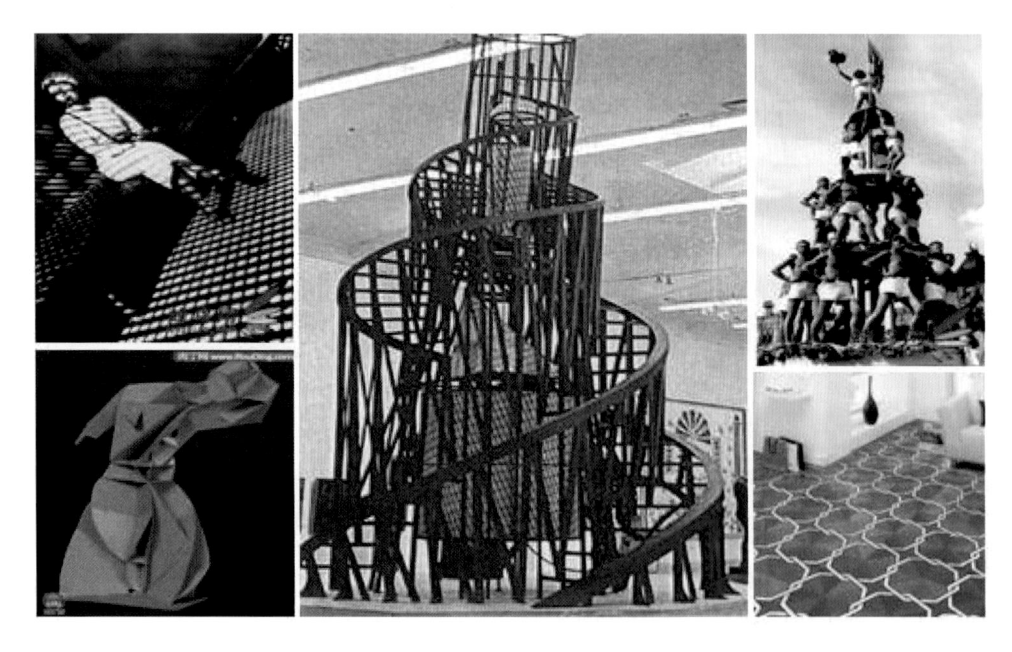

图 2.16　构成主义

图 2.17 儿童读物 李西斯基 1928 年

6. 风格派

风格派产生于荷兰，主张探索平面纯色几何形，强调运用纵横几何结构、三原色和中性色，使几何结构单元体或者元素形成简单的结构组合，但在新的结构组合当中，单体依然保持相对独立性和鲜明的特性。

图 2.18 《海堤与海•构成十号》 蒙德里安

图 2.19　《红、黄、蓝的构成》 蒙德里安

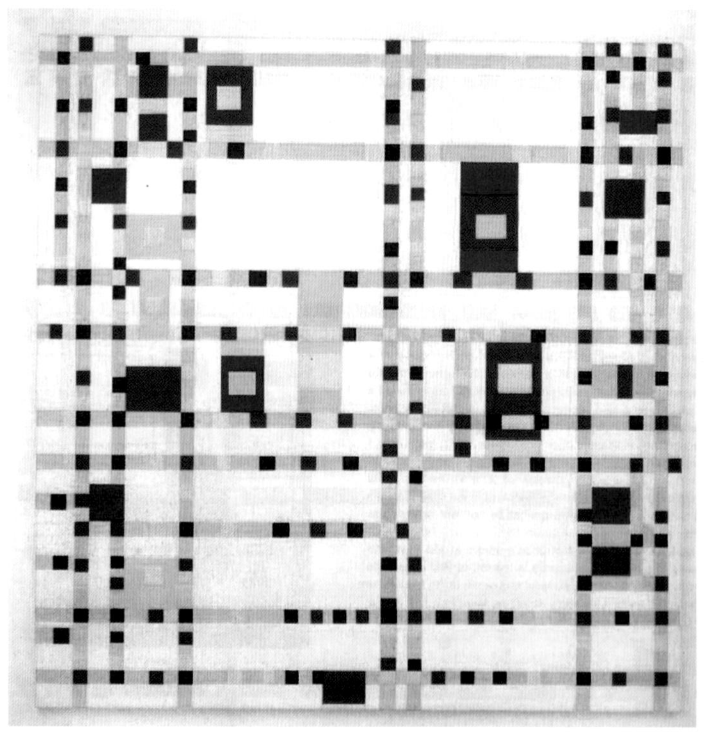

图 2.20　《百老汇爵士乐》蒙德里安

7. 达达主义

达达主义艺术运动是1916年至1923年间出现于法国、德国和瑞士的一种艺术流派。达达主义是一种无政府主义的艺术运动，它试图通过废除传统的文化和美学形式发现真正的现实。达达主义由一群年轻的艺术家和反战人士领导，他们通过反美学的作品和抗议活动表达了他们对资产阶级价值观和第一次世界大战的绝望，强调自我、非理性、荒谬和怪诞及杂乱无章和混乱，主张艺术的绝对自由，不受任何规律、规范和行为准则的支配和限制。

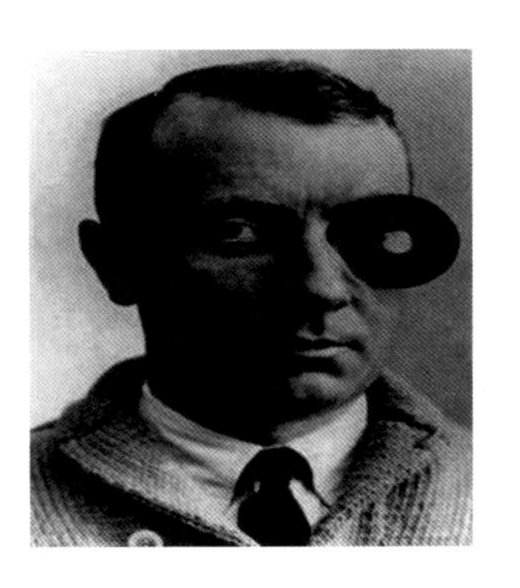

图2.21　达达主义

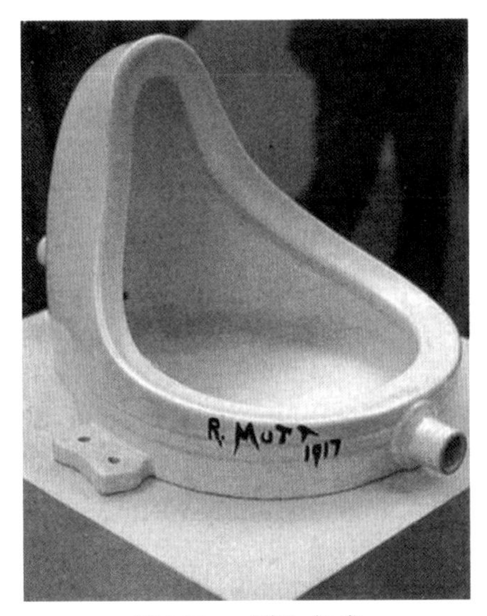

图2.22　《泉》杜尚

图2.23　《下楼梯的裸女：第二号》杜尚

8. 超现实主义

超现实主义是在法国开始的文学艺术流派，源于达达主义，并且对视觉艺术的影响深远。主要特征是以所谓“超现实”“超理智”的梦境、幻觉等作为艺术创作的源泉，认为只有这种超越现实的“无意识”世界才能摆脱一切束缚，最真实地显示客观事实的真面目。

图 2.24　《沉睡的吉普赛人》亨利 • 卢梭

图 2.25　《梦》亨利 • 卢梭

图 2.26 《天鹅映象》萨尔瓦多·达利

图 2.27 《哈里昆的狂欢》胡安·米罗

任务实施

小组讨论并实施下列问题，记录、整理同学们的答案，并尝试用材料和实例说明观点：

（1）根据本情境所讲解的知识内容，浏览网站及相关书籍，详细深入了解现代绘画艺术的各种流派，并收集相关图片。

（2）请说说现代绘画艺术与图形创意有什么关联？

考核要点

现代绘画艺术的各种流派都是为了打破传统艺术的创作思路，寻找新的创作方式进行的各种尝试。不论这些尝试的结果如何，而在尝试过程中所形成的各种理论和实践则对图形创意都具有借鉴和启示的作用。因此对现代绘画艺术的了解和研究，将有利于我们在图形创意中开拓思路，寻找新的表现形式，根据内容的需要去寻找最适合的表现形式和表现方法。

在该学习情境中主要对以下项目进行过程考核：

（1）现代绘画艺术的概念。

（2）深入探索现代绘画艺术作品的内涵。

知识链接与能力拓展

1. 波普艺术

波普为英文 Popular 的音译。Pop Art 即流行艺术、通俗艺术，1960 年左右在美国出现，是运用大众化的形象设计。艺术家以这种形式赞美物质文明，赞美社会状态，流行充满色彩的摩登设计和用后即丢的消费主义。波普主义认为公众创造的都市文化是现代艺术创作的绝好材料，面对消费社会商业文明的冲击，艺术家不仅要正视它，而且应该成为通俗文化的歌手。

图 2.28 《玛丽莲•梦露》安迪•沃霍尔

图 2.29 《是什么使今天的家庭如此不同、如此动人》汉密尔顿

2. 光效应艺术

光效应艺术，也称“奥普艺术”或“视幻艺术”，开创盛行于 20 世纪五六十年代。通过普通的线和面的组合感受到立体、波动等错觉效果。

图 2.30 光效应艺术

3. 涂鸦艺术

涂鸦是指在墙壁上乱涂乱写出的图像或画。文字占的比重很大，形象的符号或标志、图形也是常见的内容，但多半的形象是以类似书写的方式扼要地表明意图，不刻意地去描制描绘。

图 2.31　涂鸦艺术

图 2.32　涂鸦艺术

课后研讨

（1）你觉得学习现代绘画艺术流派对我们学习“图形创意”这门课程有什么帮助？

（2）说说你最喜欢的现代绘画艺术流派，为什么喜欢？

现代绘画图形和设计图形创意大师

超现实主义绘画图形创始人——**雷尼·马格利特**

雷尼·马格利特（1898 — 1967），出生于比利时莱西讷。20世纪最杰出的超现实主义画家。曾在布鲁塞尔艺术学院实习，后开始超现实主义绘画的探索。1927年迁居巴黎，进入创作的旺盛期。他常常从与常人不同的视角去看这个世界与一切事物，也因此常常用惊世骇俗的视觉语言创造出与众不同的视觉画面。

雷尼·马格利特在艺术史上的成就莫过于创立了超现实主义。他是当时第一位超现实派画家。1925年，受到法国超现实主义的诗，以及乔治·德·基里科的影响，因此放弃了自己早期的风格，决定了自己在绘画上的新方向。1927 — 1930年居住在巴黎，此后一直住在布鲁塞尔。他早期受立体主义、未来主义及纯粹主义的综合影响，将异变、相悖、突兀的物体融于一体，同时营造出一种静止相处、真伪虚实相间的气氛，借此表达他别具只眼的感觉。他的作品体现的是冷峻的智慧与幽默的嘲笑，融涵着哲学思辨的求索。1943 — 1946年，他采用印象主义的绘画表现手法。1947 — 1948年，他吸收野兽派的艺术风格，创作了一系列色彩强烈、意象怪异的杰出作品。他对波普艺术的影响十分重大。他的作品中，《共同的发明》是一幅典型的雅努斯思维的佳作，《错误的镜子》（1928）是一幅完全从不同视角出发看到不同画面的图形创意。

图2.33　雷尼·马格利特

图2.34　错误的镜子

马格利特的贡献在于从不同视角，将视觉形象重构、重组、重合而强烈凸显、改变了视觉语言的平庸，使视觉形象直接成为视觉语言。他认为物体、物体的形象以及物体的名称之间都不存在非有不可或不可转移的联系，从看似平常的情景中揭示出深刻的恐怖和喜悦。马格利特所选择的道路，是特立独行、感性突兀而充满理性智慧的。马格利特的思维中经常充斥着直接对立与互相排斥。

1967年8月15日马格利特因胰脏癌病逝于布鲁塞尔，享年69岁。死后葬在苏哈比公墓。

图 2.35　绿洲

图 2.36　The Titanic Day

图 2.37　Golconde 戴圆顶硬礼帽的男人

超现实主义绘画图形大师

萨尔瓦多·达利

萨尔瓦多·达利（1904 — 1989），出生于西班牙菲格拉斯。他是一位具有超越常理想象力和“潜意识”表现力的画家，把梦境的主观世界变成客观而充满张力与梦游般的形象语言，他从“纯内在的模式”中发掘灵感，他对20世纪的超现实主义艺术做出了非凡的贡献。达利的一生充满了传奇色彩。达利除了绘画，还到处发表随笔、论文、诗歌、小说等，他的表情以及胡须均给人留下了独特的印象。达利年轻时在马德里和巴塞罗那学习美术，曾兼收并蓄多种艺术风格，12岁时他自奉为“我是印象派画家”，后来他说：“什么超现实主义：我就是！”。弗洛伊德的关于性爱对于潜意识意象的重要著作，以及巴黎超现实主义艺术家和作家潜意识是超乎理性之上的理论使他爱不释手，他几乎是精神分析学说的实践者。

他是一个偏执狂，患有妄想症。为从潜意识心灵中产生意象，达利开始用一种自称为“偏执狂临界状态”的方法，在自己的身上诱发幻觉境界，使他常常产生一连串幻觉或无幻觉的自大和妄想。达利发现这一方法后，画风异常迅速成熟。1929 — 1937年间所作的画使他成为世界最著名的超现实主义艺术家。在他所描绘的梦境中，常出现残缺的肢体、分解变态的景物，将各种物象并列、扭曲或者变形。在这些谜一般的意象中，最震撼人的是《血比蜜甜》（1925），将梦幻状态的无意识充分发挥；最有名的《记忆的永恒》使人们记住那一只正在融化而变形的表；《内乱的预感》充满了肢解的残忍与交错的张力，表现的潜力达到极致。

图 2.38　记忆的永恒

达利还与西班牙电影导演路易斯•布努埃尔共同制作了两部超现实主义影片，即1928年的《一条安达鲁狗》和1930年的《黄金时代》，他将超现实主义引申向电影创作。20世纪30年代末，在文艺复兴画家拉斐尔的影响下，达利的绘画转趋比较古典的风格。1941年，纽约的现代艺术博物馆为达利举行了他的第一个规模宏大的回顾展；同年达利向杰安•卡宾递交了一份电影剧本，名为《月潮》。1942年达利又出版了自己的自传《萨尔瓦多•达利的私密生活》。在1944年发表的一部小说中，他还撰写了一篇关于汽车潮流的文章，从这里诞生了埃德温•考克斯立的漫画《迈阿密的先锋》。在达利从超现实主义向他的经典时期转变的过程中，达利开始创作他的19幅大型油画，很多都涉及了科学、历史和宗教题材。这19幅大型油画已经成为了一个系列，其中最为有名的是《引起幻觉的斗牛士》《克里斯托弗•哥伦布发现美国》和《内战的预兆》。

图2.39　引起幻觉的斗牛士

图2.40　内战的预兆

达利的晚年主要精力在打造“达利博物馆”上，此后，他也花费大量时间设计舞台布景、时髦商店内部装饰以及珠宝饰物。在1950 — 1970年间，他有许多宗教题材的绘画作品，如《利加达港的圣母》(1950)，及将原子物理学与量子力学引申到宗教绘画的《最后的晚餐》，但仍探索性爱主题，描绘童年记忆。在达利的著作中，最有趣味的和揭露隐秘的是1942 — 1944年创作的《萨尔瓦多•达利的私密生活》。他的许多作品中充满了暴力和对传统社会禁欲主义的批判。自从达利的妻子加拉在1982年过世以后，达利的健康状况也是每况愈下。他于1989年1月23日死于心脏病和呼吸并发症。

达利的一生是艺术创造的一生。他超越一切的艺术表现力，从文学创作到艺术表现，从二维到三维和空间的创作，受众广泛、影响巨大，给艺术世界留下大量杰作与特立独行的艺术思想，还有那睥睨一切的形象，成为里程碑式的艺术路标。

超现实主义绘画图形大师

胡安·米罗

胡安•米罗(1893 — 1983),西班牙画家、雕塑家、陶艺家、版画家，是和毕加索、达利齐名的20世纪超现实主义绘画大师之一，超现实主义的代表人物。

米罗的父亲是很有造诣的金银工艺师兼钟表匠，米罗从小对大自然与艺术非常热爱。第一次世界大战期间，先锋派艺术思想的狂飙激起米罗对艺术的激情。早年接触过许多前卫艺术家，如梵高、马蒂斯，尤其是与毕加索交往很深，卢梭的艺术思想让其痴迷，也尝试过野兽派、立体派、达达派的表现手法。逐步形成了完全属于自己的超现实主义艺术风格。当然，这成功还得益于他家乡原生态的自然环境和深厚的文化艺术传统，尤其是受到二维的西班牙加泰罗尼亚民间艺术以及罗马式教堂壁画的影响。米罗的画中往往没有什么明确具体的形，而只有一些线条、一些形的胚胎、一些类似于儿童涂鸦期的偶得形态。但这些画单纯明快，甚至原始，因而自由、轻快，无拘无束。正如米罗所说："我发现生活越是卑微渺小，我的反应越是强烈，用自相矛盾的幽默和急剧扩张的自由态度作出回答。"

米罗的画天真单纯，仿佛出自儿童之手，具有儿童化的稚拙感，又不仅仅是儿童的稚拙感，是成熟透顶后的返璞归真的稚拙，是久经沧桑后的纯粹天真。他的艺术代表了超现实主义的另一种风格，其超现实主义作品主题来源于记忆和梦境，即有机的超现实主义。因情绪的变化而带来形体、色调的变幻，包括扭曲的形体和古怪的几何结构。他的作品似乎没有理性和逻辑的排序，把无意识和非逻辑心灵的冲力从中解放出来，且探测不可见领域和视觉世界的奥秘。米罗后来把形体和结构归纳抽象为变化的点、线和爆发的色彩。

图 2.41 加泰隆风景

图 2.42　哈里昆的狂欢

米罗艺术的卓越之处是，他的作品的幻想制造了一个幽默的空间。另一个卓越之处是，米罗的彻底抽象的自然形态构成的空想世界非常生动。他的有机物和野兽，甚至那些无生命的物体，都有一种热情的活力。随着第二次世界大战的爆发，米罗就定居在帕尔马•德•马略卡。在与世隔绝的年月里，他需要沉思和重新评价一切，这促使他阅读了一些神秘文学作品，并且聆听莫扎特和巴赫的音乐。到 20 世纪 60 年代后，米罗还常有创作激情，让现实与幻想相互追逐，例如他让小鸡啄满是颜料的画板，从很多自然的痕迹中去发现创意元素。他对平凡的元素充满着爱与审美之心，终生保持着新鲜的感觉，永远持有儿童般无瑕的目光与无穷的思绪，似乎对什么都要问一个“为什么？”除绘画外，米罗也涉足其他领域，如蚀刻、平版画、水彩、蜡笔、拼贴画等。他的陶瓷雕刻作品尤其著名，大多以鸟、星星、母性、女人为主题，例《月亮鸟》充斥着生的活力，孕育生命的母体。例如巴黎联合国教科文组织大楼的太阳和月亮之壁（1957—1959）。1983 年 12 月 25 日，米罗逝世，享年 90 岁。

米罗的精神世界充满着童心、爱心和神奇，甚至可以说，任何元素对他而言都充满着爱，因此他才能有如此神奇的捕捉和表现。对米罗来说，立体的世界是平的，所以他创造出了神奇的图形世界。米罗艺术开启了另一个富于生气的艺术世界，启迪了人类的心智，也给了后人无限的艺术思维想象空间。

图 2.43　荷兰室内景一号

图形设计大师

西摩·切瓦斯特

西摩·切瓦斯特（1931 — ），国际著名设计大师，毕业于美国 Cooper 州立艺术学院，1954 年创立著名的波什平（Pushpin）集团公司，国际平面设计师联盟 AGI、AIGA 会员，引导了 20 世纪新美国视觉设计运动，他与福田繁雄（日）、岗特·兰堡（德）并称“世界三大图形设计大师”。

20 世纪 50 年代，摄影的发展和普及、纸张与印刷技术的改进和提高，使得平面设计发展到一个新的阶段。美国出现了这样一批设计家，他们抛弃了以往刻板的设计风格，重视画面感性思维的投入，他们设计的图形作品，重视新媒体的使用，注重表达个人观念，成为美国设计中观念形象设计派别的发起者。西摩·切瓦斯特就是其中的重要代表之一，他以独特的设计风格赢得了美国社会的广泛赞誉和喜爱。观念形象设计，“是指第二次世界大战后在欧洲和美国形成的平面设计的新流派，与强调视觉传播准确的、理性的、比较刻板的瑞士国际主义平面设计风格和讲究规则性的纽约派相比，这个流派更加强调视觉形象，强调艺术的表现，强调设计和艺术结合，是与以上两个流派同时发展的第三个设计发展方向。”

切瓦斯特的设计作品幽默、诙谐、轻松、愉快，创作手法多样。但他的作品都有一个共性，就是以卡通化的漫画造型来表达个人观点，将观念与形象融合。在题材上，切瓦斯特广泛地运用日常生活中的符号，将生活中的价值观念体现到创作构思中去，具有浓郁的生活气息。在形式语言上，他以其丰富的阅历、卡通的形式表达深刻的内涵，其独特的创作手法更新着人们的视觉环境，不断锤炼自己与众不同的设计风格。他将艺术与设计、观念与形象精心地融合于一体，打破当时刻板、机械的设计面貌。切瓦斯特不仅关注作品的设计功能，还注重作品艺术风格的塑造，将艺术形式和视觉传播功能的设计结合起来，实现作品的内涵价值。

切瓦斯特大量地运用素描和色彩平涂法并注重新媒介的使用，他的设计作品明显地受到其同时代的波普艺术（Pop Art）和嬉皮文化（Hippy Culture）的熏陶，洋溢着浪漫、幽默的氛围。他用粗犷豪迈的美式幽默表现在当时工业化时代背景下，西方社会中兴起的消费观念、生活情趣和审美时尚，同时把自己的观念与多种表现方式组合成一体，这种折中的设计方式让人耳目一新。他为波什平的发展奠定了坚实的基础，以自身优秀的艺术素养影响着同代的人，同时波什平也影响着他的设计创作。无论是他的哪种创作手法，切瓦斯特都追求突破传统平面的视觉效果，形成独特的艺术个性。可以这么说，切瓦斯特在艺术领域的开拓和探索中，对艺术的多样性和创新性做出了巨大的贡献，影响着“图钉”集团第二代、第三代的设计发展，同时也为视觉艺术领域注入了新的血脉和力量。

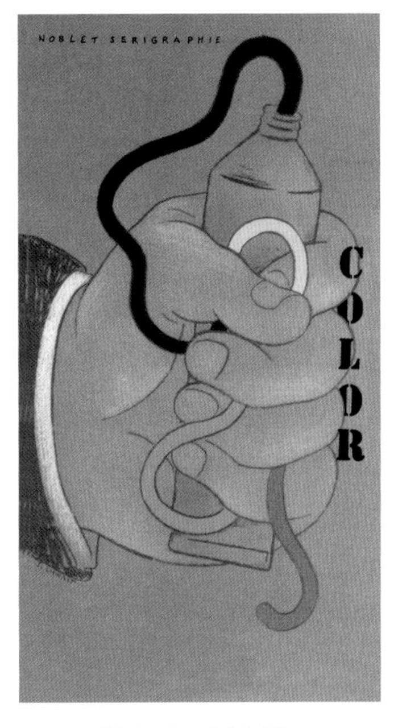

图 2.44　COLOR

图 2.45　纽约的地球日海报

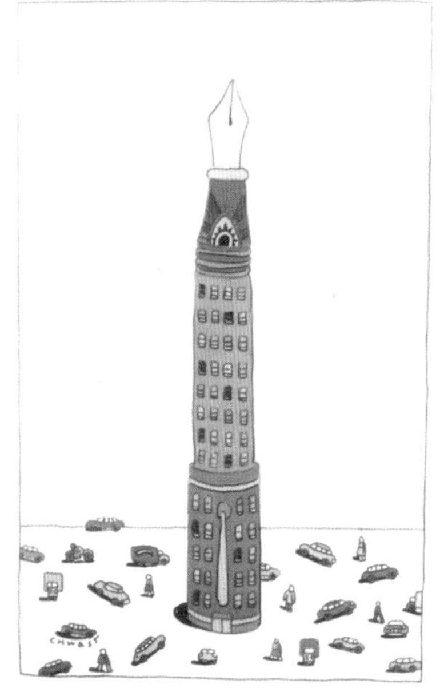

图 2.46　海报

图 2.47　消除口臭

图 2.48　杂志 175

图形设计大师

福田繁雄

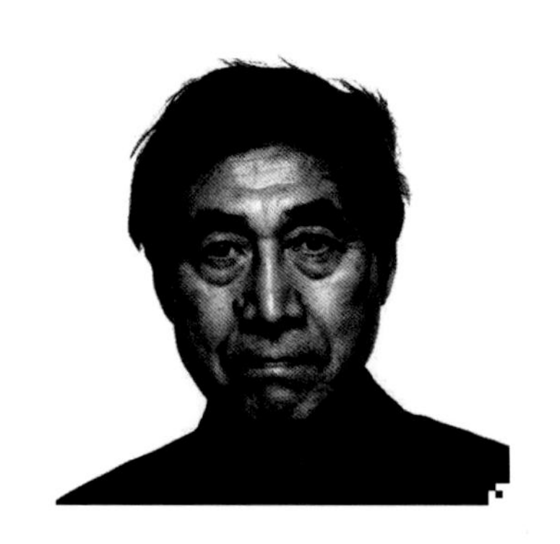

福田繁雄（1932 — 2009），1932 年生于日本东京，1951 年（19 岁）毕业于岩手县立福冈高等学校。在高中时曾想成为一名漫画家，但由于当时艺术学校里没有漫画专业，最终将其幽默和天赋投入到设计领域，由此其设计作品具有浓厚的幽默性特点。1956 年毕业于东京国立艺术大学。1967 年（35 岁）即在美国纽约 IBM 画廊首次举办个人展，随后其作品在欧洲、美国、日本等地广为展出，并获得多项大奖。1982 年（50 岁），他应美国耶鲁大学的邀请，担任客座讲师。同时，福田还是日本平面设计师协会（JAGDA）会长、国际平面设计师联盟（TADC）成员、国际平面设计师联盟（GAI）委员、英国皇家艺术协会（AGI）会员；曾任 1998 东京艺术大学美术馆评委，日本平面设计协会主席，国际平面设计联盟会员，美国耶鲁大学、四川大学、东京艺术大学客座教授，日本图形创造协会主席，国际广告研究设计中心名誉主任等，2009 年 1 月 11 日晚上 10 : 30 时于东京因脑出血过世。

福田是继龟仓雄策、河野鹰思、早川良雄等日本设计大师之后的第二代平面设计大师。无论是在日本，还是在欧洲、美国等地，他都被视为一名设计天才。福田繁雄与岗特 • 兰堡、西摩 • 切瓦斯特并称为当代“世界三大平面设计师”。

福田的创作范围相当广泛，除了书籍装帧设计、海报、月历、插图、标志设计等之外，也涉及工艺品、雕塑艺术、玩具、建筑壁画、景观造型等各专业领域。他所涉及的设计领域，均能将其创作灵感发挥到极致，给人一种印象深刻的视觉美感与艺术表现力，流露其独特的创作魅力。他的大量“福田式”海报和招贴图形使他享誉世界，成了国际上最引人注目、最具有个性特征的平面设计家。在平面设计书籍中，经常会出现他的作品。福田繁雄是 21 世纪世界上最伟大的图形设计师之一，他的成就表现在他将同一世纪早中期出现的超现实主义绘画和错视觉艺术转向了设计并得到了很好的传播应用。

福田繁雄既深谙日本传统，又掌握现代感知心理学。福田的每一种新观念都是他不断探索、尝试不同可能性的方法的结晶。他总是弃旧图新，并系统地将各种创意、革新加以融会贯通，每一批作品都反映出他主观想象力的飞跃以及他控制和营造作品的匠心。同时，他的作品又极其简洁，具有一种嬉戏般的幽默感，并善于用视觉来创造一切怪异的情趣。由于他在设计理念及实践上的卓越成就，福田繁雄教授被西方设计界誉为“平面设计教皇”。

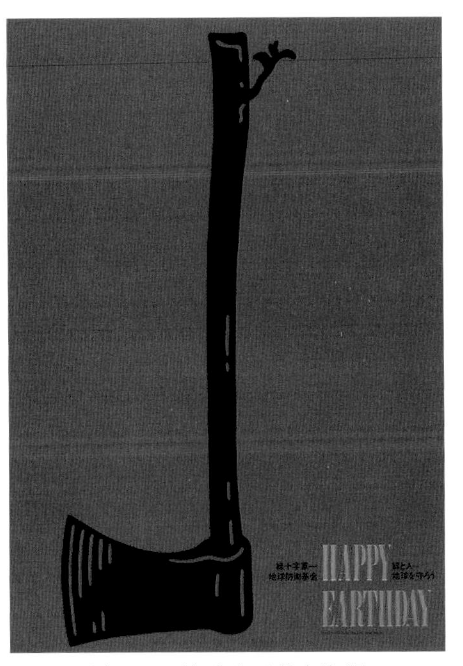

图 2.49　地球防卫基金海报

图 2.50　UCC 咖啡馆

图 2.51　视觉马戏团

图 2.52　SHARAKU

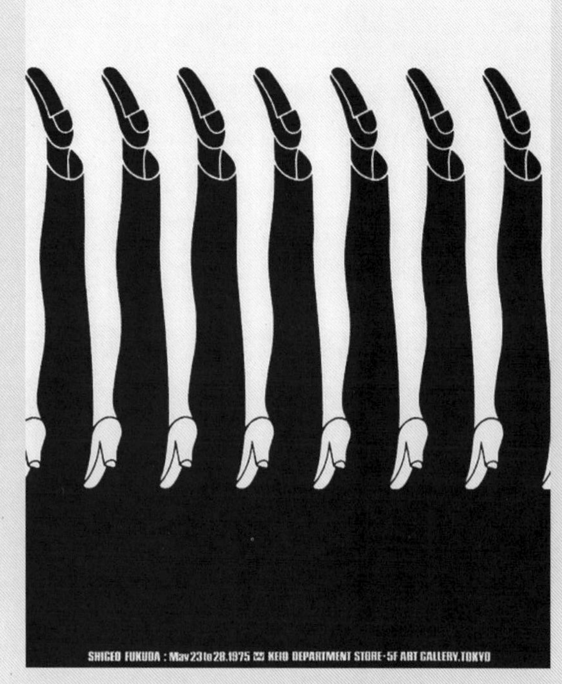

图 2.53　京王百货宣传海报

图 2.54　海报

图形设计大师

岗特·兰堡

岗特·兰堡（1938－ ），1963年毕业于卡塞尔美术学院，1960年22岁，在法兰克福成立了自己的图形摄影工作室，由此开始了他一生轰轰烈烈的图形设计创意历史。美国著名艺术史学家菲利普·梅洛斯在其《图形艺术设计史》著作中，称兰堡为“德国视觉诗人”，认为兰堡的法兰克福图形摄影工作室是20世纪后期最具创意的设计工作室之一。他的作品具有独特的风格，他和金特·凯泽、汉斯·希尔曼形成了德国派图形设计风格，他和美国的西摩·切瓦斯特和日本的福田繁雄被称为欧洲、美国、日本世界三大图形大师。

兰堡始终坚持用视觉形象语言说话，一切装饰性元素都让位于视觉功能。在创作题材上，兰堡钟情于土豆，执着于为S·费舍尔出版社设计系列招贴，同时更以一个设计家对自由的追求来体现他对视觉艺术的理解。在形式手法上，兰堡总是尝试新的方法来改善单纯的平面效果。无论是空间的创造、式样的转换，还是用密集凸显具有倾向性的张力，兰堡追求的是平面视觉效果上的突破和创作上的个人化、自由化。兰堡的每一幅作品带给我们的都不仅仅是视觉上的震撼，更多的是心灵上的颤动。他运用他理性的思维、艺术的表达、新颖的创意拓宽了我们的艺术视野，用诗人的情怀为我们重新构造了艺术的境界，他的视觉创造给视觉形象世界带来了新的力量和生机。

图2.55　岗特·兰堡为S·费舍尔出版社设计的系列招贴

岗特•兰堡的图形艺术自 20 世纪 90 年代开始进入中国,他多次作为全国设计“大师奖”的评委和全国设计“大师班”的讲师把图形艺术带进了中国课堂，影响了一代又一代的参赛者和学员们，对中国视觉设计和图形设计教育产生了深刻的影响。

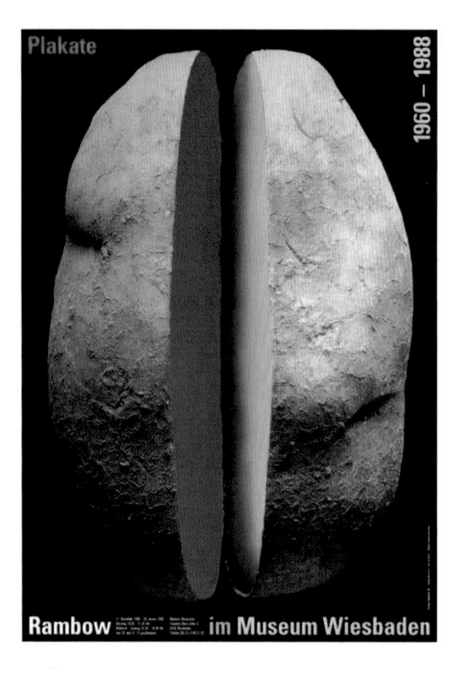

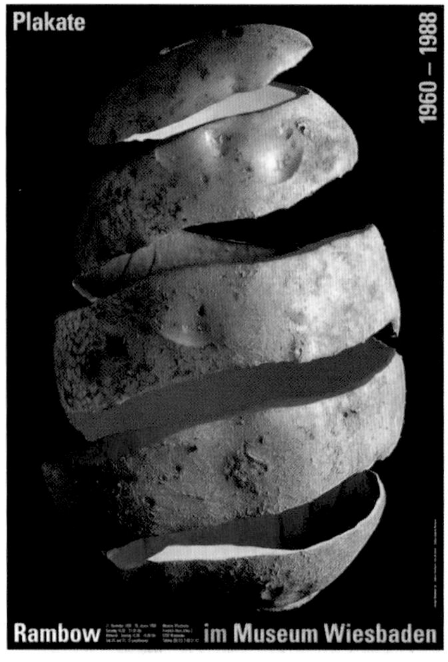

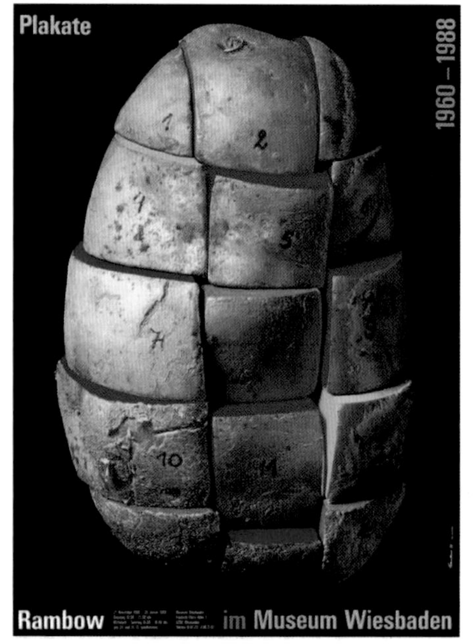

图 2.56　土豆系列招贴

第二部分
图形语言

学习情境3　图的发现与收集

学习要点

- 关注图形宽泛的表现形式与手段。
- 关注图形被应用的不同载体与场合。

任务描述

到生活中去发现图形，感受图形，收集与图形相关的资料，丰富头脑，开阔眼界。

相关知识

“语言”是一种用来沟通的工具，一个国家甚至一个民族往往都有自己独特的语言。“语言”由最小的元素——字母（笔画）组成，字母（笔画）拼组成字、词，并由它们根据相应的语法组成句子，又由不同的句子结合成段落，连成文章。不同的组合组成了不同的语言风格，有着不同的效果，用于表达不同的意思与反映不同的意境。

图形也是如此，也有着其自己的语言，这里将它称为“图形语言”。从不同的观察方法入手，用形（各种不同的由点、线、面组成的具象或抽象的形态）、色、肌理作为其基本的词汇，协调它们之间的大小、面积、空间、虚实、节奏等关系，这就是对图形语言控制与把握的要素，这种协调的准则也就是图形语言的形式法则。

“图形语言”课程，就是学习与掌握这种语言规律的教学环节。这其中也许包含了以往传统教学中“图案变形”的某些内容，这项练习不是简单的“变形”问题，它既不是对某物的矫揉造作的表现，也不是对某物生搬硬套的“复制”，而是在真正意义上的对“物”的认识与了解的基础上，有的放矢、有感而发地运用一切可以应用的工具与表现手法，通过“造物”“造像”的练习与研究，去从根本的规律上、方法上培养图形创造的能力。

“图形语言”简言之，是从不同的需求程度上，让学生掌握将“物”发展成“图”的综合造型表现语言与能力。图形语言是一种可以不受国度、文化、语言限制的行之有效的传达信息的手段。

在“图形语言”课程中，希望通过一系列的具体练习，让学生掌握如何从一个实在的物体出发，通过对这一物体悉心的观察、认识与了解，使用不同的手法、工具将这一物件以图形的方式表示出来；培养学生将“物”发展成“图”的各种应变能力，运用宽泛多样的手段将“图”根据不同的需求展开，它不仅是一种可以适应不同专业特点的图形基础训练，更是对创造性思维方式的开发与培养。

任务实施

1．作业要求：通过网络、书籍或其他方式，收集与本次课题——图形设计相关的图片与资料，并加以整理、归类。利用课余时间进行收集，课上集体点评。

2．作业数量：15 ～ 20 幅。

图 3.1　不同风格的图形

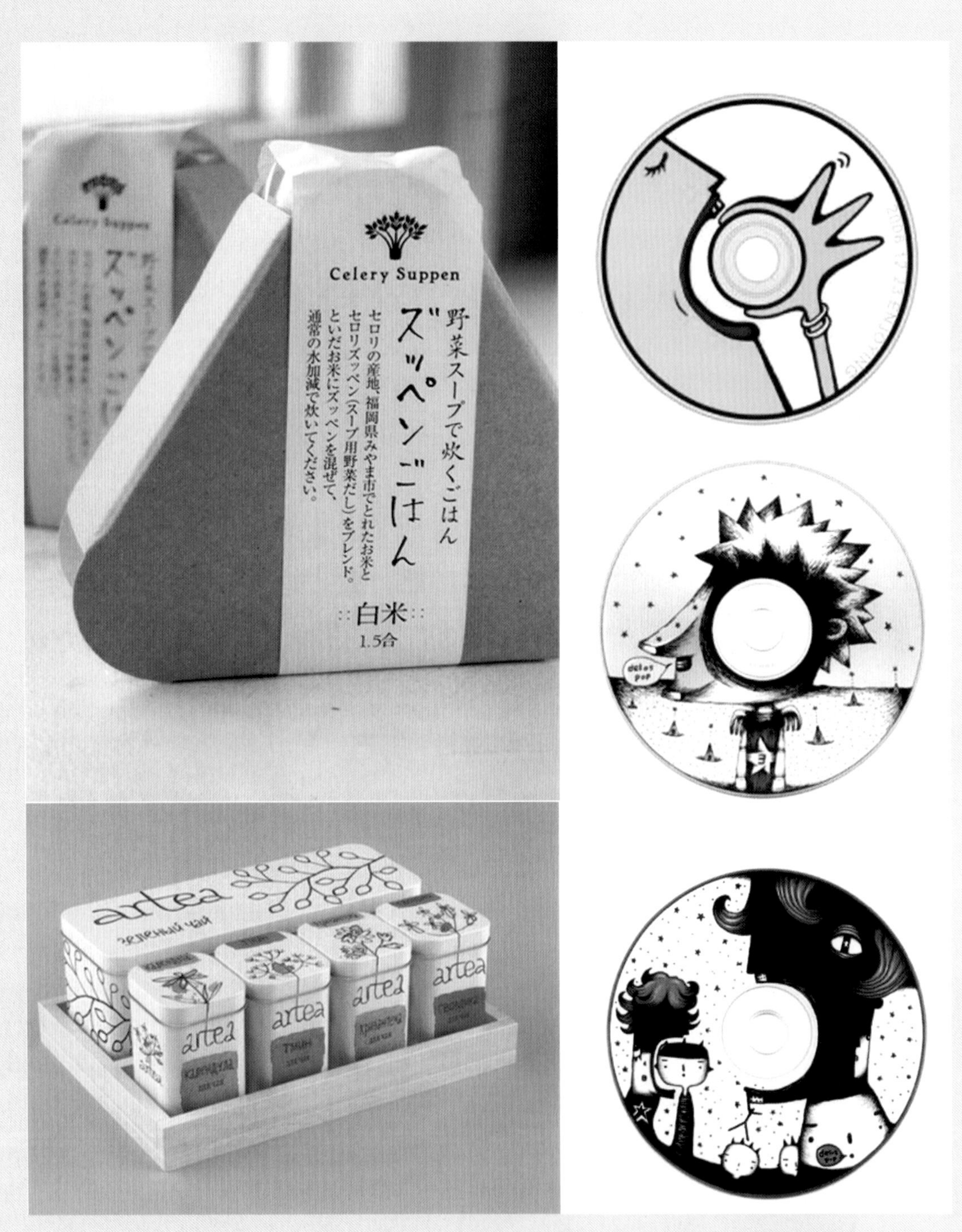

图 3.2　不同风格的图形

图形语言是丰富的，图形的应用载体也是宽泛的，涉及生活中的方方面面。

Destiny

Now every doctor
knows you personally.
IBM

Lucia
Fika

72%
CACAO
nib mor
mint
dark
chocolate
nib mor
nib mor

图 3.3　不同风格的图形

Maria Semple
Author of This One Is Mine
WHERE'D YOU GO,
BERNADETTE
A NOVEL

e-glue
design pour enfants
///// www.e-glue.fr /////
e-glue

图 3.4　不同风格的图形

图 3.5　不同风格的图形

考核要点

该学习情境，是为了让学生在开始进入课程学习之前，提前对课程所涉及的内容进行关注；让每个学生到生活中、网络上、图书里进行图形的相关资料收集，对学生收集的相关资料进行展示、集体观摩、讲评；积极引导学生在一种“放松”的气氛中达到教学目的。在该学习情境中主要对以下项目进行过程引导：

（1）关注图形宽泛的表现形式与手段。

（2）关注图形被应用的不同载体与场合。

（3）学会做资料的挑选、梳理、归类工作，养成平日注意积累的习惯，建立自己的“图形资料库”。

学习情境 4　物的表现

学习要点

- 抓住物的特征，分析、认识、理解对象。
- 关注图形宽泛的表现形式与手段。
- 多种工具与手段的图形表述。

任务描述

多种工具与手段的图形表述。抓住物件特征，尝试使用不同的工具与手段，进行多样化的图形表述。

相关知识

1. 物的选择

确定所要表现的对象，在物的选择上有两种要求：一是“自由选择”；二是“被动选择”。“自由选择”，学生根据各自的爱好选择自己认为有感受的物件。这种选择的优点在于，学生对物体本身会更有感受，更容易进入角色。“被动选择”，是指教师“强行”指定给学生的物件。这种方式的优点是可以避免学生有时会出现的盲目选择。

选择的物件必须有较强的特征，容易被识别、辨认，容易被表现，有较大的表现空间。对所选择物件的控制与把握十分重要，尤其在图形发展空间上物件选择的好坏直接决定了创作的发展前景。

物件的选择上，应该尽可能选择有特点、易发展的物件作为描绘对象。太简单、过于具有共性而缺乏个性，或者太特殊、不为人们所认识的物件，对于深入的图形可能性研究会带来一定的限制。比如说，一个乒乓球，作为一个纯粹的上、下、左、右对称的圆形物体，除了其品牌标志外，物件本身不再具备什么有价值的、可供图形发展的特征。再如，一个游艺机的导航器，由于其自身造型的原因，在将物件转换成图形之后，往往不具有一定的被识别性。所有这些因素的处理如有不当，将会影响这一训练的趣味与意义。

2. 观察与认识

目标选定后，就要进一步对这个物件进行深入的观察。对“物”的图形开发是建立在对“物”的深入了解的基础上的。只有从对物件本质特征的认识出发，才能行之有效地对其进行恰如其分的图形表达。

观察，先要认真观察物的“形状”——它的大的形态特征，即这个“物”之所以是“这个东西”,而不是“那个东西”的独特性。在认识了大的形态特征基础上,再去分析、认识、理解对象中一些可以在下一步的表现中借助与发挥的局部特征。所有能反映这个物件的形状、材质、色彩以及它所处的氛围，所有与这个物件有关的、能够加强对它的表现的元素，都是在这个过程中需要分析、捕捉、记录的对象。

3. 初步的图形表述

在经历了观察的练习之后，工作重心慢慢往“表现”过渡，从对物件的了解、认识、描述向初步的图形化表述发展，更加注重对多种图形表述语言的开发。

4. 丰富的形式语言表现手法

丰富多样的形式语言，包括手绘图形、计算机图形、二维半图形、立体图形、综合图形等多个方面。要掌握多种多样、丰富的表现手法，首先要尝试了解运用多种材料。材料的属性和性能决定了表现形态、色彩、质感等要素。在表现手法训练中应大胆进行尝试性实验，全面调动感官接触各类物质材料，并学习运用各种工具和手段来表现所需造型。

肌理，又称质感，由于物体的材料不同，表面的排列、组织、构造各不相同，因而产生粗与细、糙与滑、硬与软、轻与重等不同感受。

下面给出肌理的创造方法。

- 笔触的变化：利用笔触的粗、细、硬、软、轻、重以及笔触的不同排列而描绘出不同的肌理效果。
- 拓印：用油墨或涂料在雕刻及自然形成的凹凸不平的表面上涂抹，然后印在图面上，便会形成古朴的拓印肌理。
- 喷绘:用喷笔或用金属网或牙刷，把溶解的颜料刷下去后，色料如雾状喷在纸上。
- 染：具有吸水性强的表面，可用液体颜料进行渲染、浸染，颜料会在表面自然散开，产生自然优美的肌理效果。
- 纸张：各种不同的纸张，由于加工的材料不同，本身在粗细、纹理、结构上就有不同，而通过人为的折、皱、揉、搓又会产生特殊的肌理效果。
- 拼贴：大胆地进行各种材料的综合运用，产生不同的视觉肌理和触感。

从艺术表现的角度来看，表现手段可以是多样的，应该不仅仅去“画”，还可以使用包括拓、印、刻、剪贴、折、撕等不同的手法，不择手段地达到所需要的表现效果。

二维半与立体图形：从二维的纸张向二维半、三维延伸，是很有趣味的创意。

计算机的加入：现代设备的加入对设计来说是有利的武器，运用计算机及相应的软件进行操作、设计、修改，其作品作为数字化的图形存在，存储自如，便于反复改稿，可以复制，携带方便，形式多样，不会变质，可以进行各类输出。造型的精准、丰富的色彩以及种类繁多的绘制工具，所有这些都为数字艺术创作提供了便利条件。

工具与表现手段，包括铅笔在内的如钢笔、毛笔、木炭等常规工具，可以在商店里买到。但在艺术创作中，工具的概念远远大于此，所有可以用来制造行为轨迹的物件、器具都可能成为创造的工具。可以自己创造制作所需的“工具”，无论是树枝、麻绳、铁丝、竹子，还是一团纸、布或棉花球、手等，均可能成为我们的工具；墨水、墨汁、颜料，甚至咖啡等非颜料的有色液体，都有可能成为我们绘画的媒介；如果再能将图形画在不同肌理、材质的纸、布、木板或是其他材料上，加上运用不同的表现手法，就能大大地扩展创造视野，带来无限惊喜。

任务实施

1．作业要求：

（1）用自己平时能熟练应用的手法描绘对象，方法可以是从整体到局部，或由局部到整体，目的在于仔细地了解对象。

（2）多种工具与手段的图形表述。抓住物件特征，尝试使用不同的工具与手段，进行多样化的图形表述。

2．作业数量：9 ～ 12 幅。

3．作业提示：学生自行选择，可在开课前先布置，让学生有充足的时间做出选择，也可建议提供 2 ～ 3 种物件作为教师帮助选择的对象，如提供一些有特征而又能让大家都了解的概念性对象，如树、椅子、台灯等；操作时使用何种工具、采取何种手段；所表述的图形必须简明、概括，既具备物件的主要特征，又有一定的图形魅力。

图 4.1　学生习作——树的表达

树是一个很好的主题。树的造型千变万化，树的表现也可以多种多样。

图 4.2　学生习作——树的表达

图 4.3　学生习作——树的表达

图 4.4 学生习作——西红柿

这是一组表现西红柿的图形。无论是表现工具、手法，还是表现效果、图形魅力，都具有独到之处。

图 4.5　学生习作——伞

图 4.6　学生习作——瓶子

图 4.7　学生习作——台灯

图 4.8 学生习作——水杯

把工具、手法、构思融合到一起的时候，图形会具有更大的魅力。

考核要点

该学习情境，在认真观察物件的大的形态特征后，分析、认识、理解对象的一些可在下一步的表现中借助与发挥的局部特征；积极引导学生在一种“放松”的气氛中达到教学目的。在该学习情境中主要对以下项目进行考核：

（1）关注物件的形状、材质、色彩及其所处的氛围。

（2）分析、捕捉、记录所有与这个物件有关的、能够加强对它的表现的元素。

（3）图形宽泛的表现形式与手段。

学习情境 5　物与图的互动

学习要点

- 关注表现图形的方法。
- 图形创造的形式法则。
- 图形的多种表现语言。

任务描述

自行选择材料，对自己所选的物件进行半立体或立体的塑造。完成了造物的工作后，从这个“再生”的物件中得到灵感，借助现代化的工具、手段，如复印机、扫描仪、数码相机、计算机等的帮助，将这些被塑造的物件进一步转化为“平面”的图形。

相关知识

1. 造物

表现图形的方法是多样的。可以通过各种手段，包括半立体、立体化造型的手段来获取图形。借助复印机、扫描仪、数码相机、计算机等现代化工具，对所作的半立体、立体化造型进行图形化处理，使其转换成二维的平面图形。

用来做立体造型的材料十分丰富，方法多种多样。造物可促使学生走出二维、走出平面，寻找平面以外更大的空间，而最终又通过一定的技术手段回到平面，应用于二维范畴。

造物时避免被动地“复制”对象，力图在探索过程中，发现符合对象特征，但又具有表现力的因素。造物不是最后目的，而用这个物进行再创造才是最重要的。在造物的过程中，时刻注意把握那些可进一步使用其他手段、往图形发展转换的因素。

2. “物”到“图”的转变

在进行造物的过程中及完成了造物的工作后，要很好地思考如何从这个“再生”物件中得到灵感，借助现代化的工具、手段，如复印机、扫描仪、数码相机、计算机等的帮助，将这些被塑造的物件进一步转化为“平面”的图形，是此次练习的真正目的。

计算机、数码相机等一系列现代化的设备，对于今天的艺术与艺术设计来说是一些极为有效的工具。它能够帮助完成许多用传统工具无法实现的东西。如何合理地利用它们的长处，是至关重要的。

在制作时除了对各种现代化工具的性能的了解外，还需要不断地研究与推敲从制作、摄影、扫描到进入计算机之后的图形处理如构图、对比、色彩等每一个环节。

任务实施

1．作业要求：

（1）用不同的材料，以半立体、立体的形式塑造物件，避免被动地“复制”对象。

（2）利用复印机、扫描仪、数码相机、计算机等现代化工具对所造之物进行直接复制，进行简单的图形处理。

2．作业数量：9～12幅。

3．作业提示：这个练习，关键不是将物进行简单的拍摄后所获得的图形转换，而是将这些图形进一步发展，真正从图形创造的形式法则的意义上，从图形的多种表现语言上去努力要求。

考核要点

该学习情境，造物不是最后目的，而用这个物进行再创造才是最重要的；积极引导学生在一种“放松”的气氛中达到教学目的。在该学习情境中主要对以下项目进行考核：

（1）在造物探索过程中，发现符合对象特征，但又具有表现力的因素。

（2）关注造图的构图、对比、色彩等因素。

（3）从图形创造的形式法则的意义上，从图形的多种表现语言上去努力要求。

用多种方法塑造的物体、将这些物体进行初步处理后得到的图形、原始的物，都可以成为创作图形的源泉。

图 5.1　造物——多种形态的表

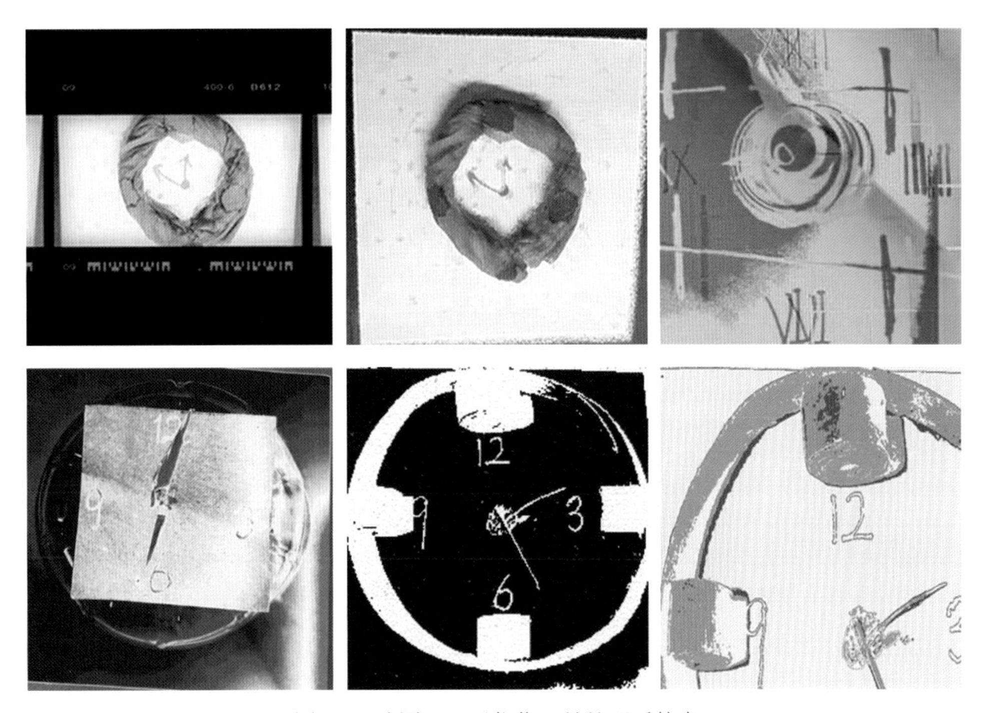

图 5.2　造图——现代化工具处理后的表

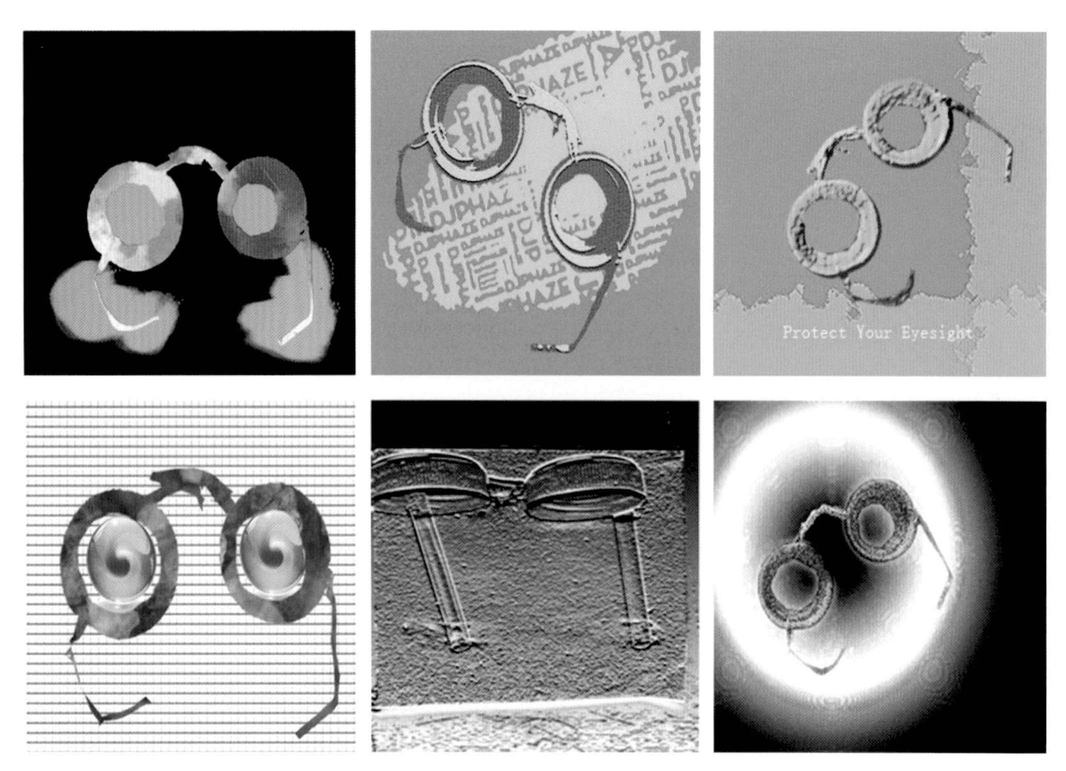

图 5.3　造图——现代化工具处理后的眼镜

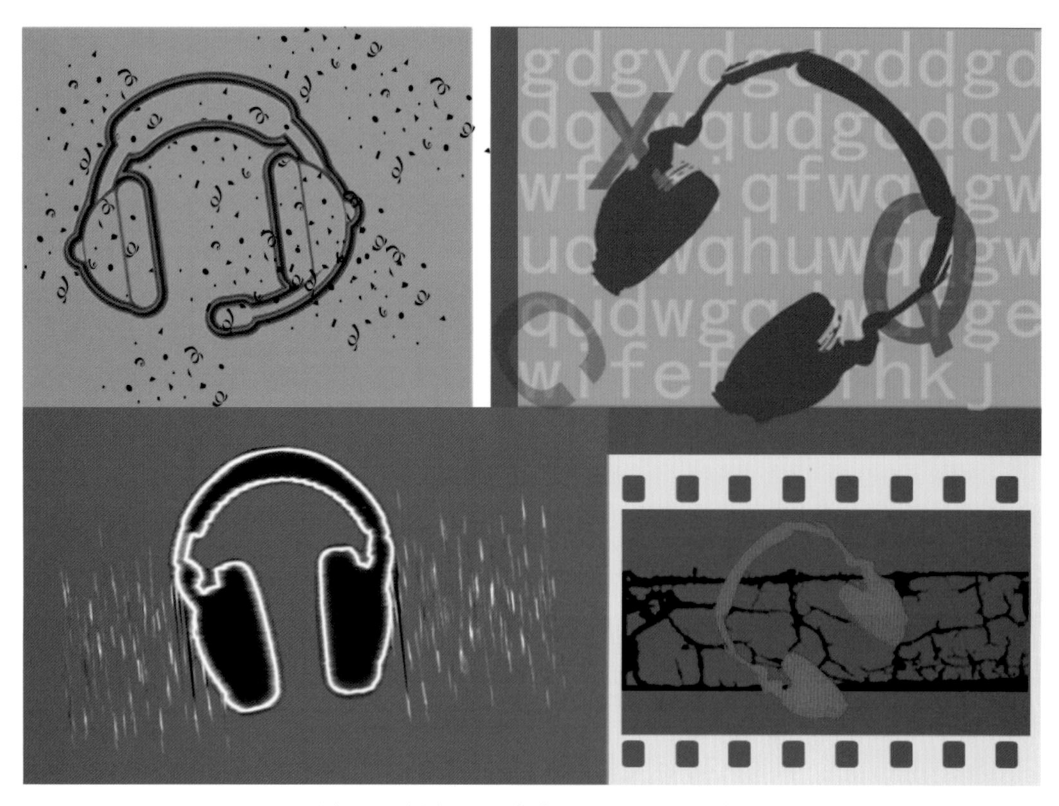

图 5.4　造图——现代化工具处理后的耳机

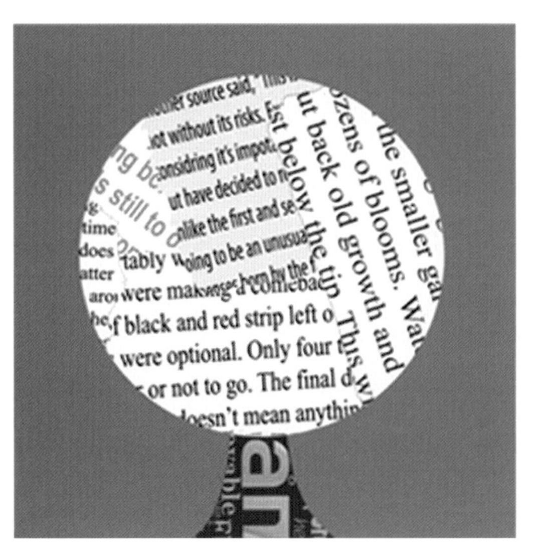

图 5.5　造图——现代化工具处理后的树

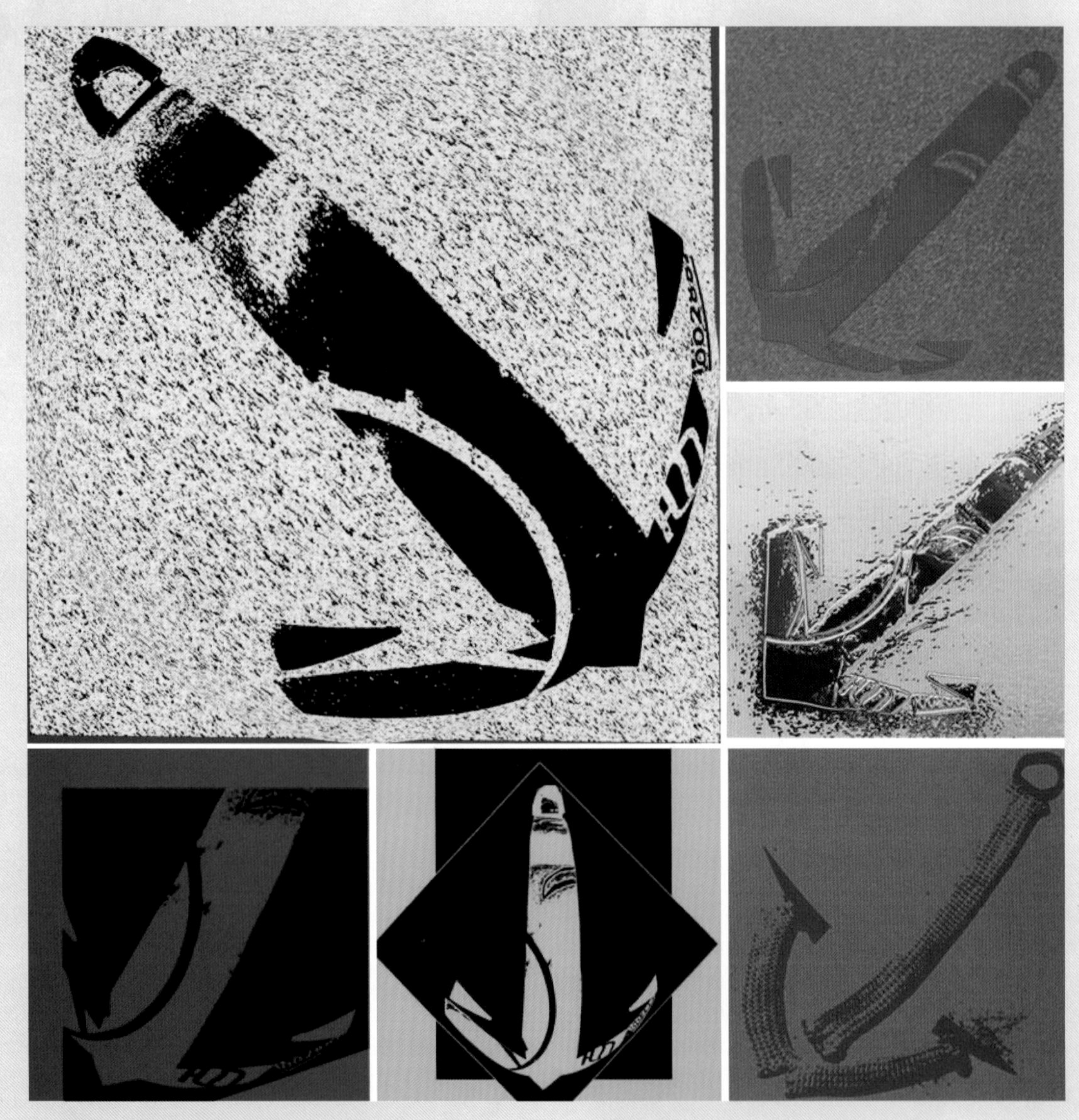

图 5.6　造图——现代化工具处理后的锚

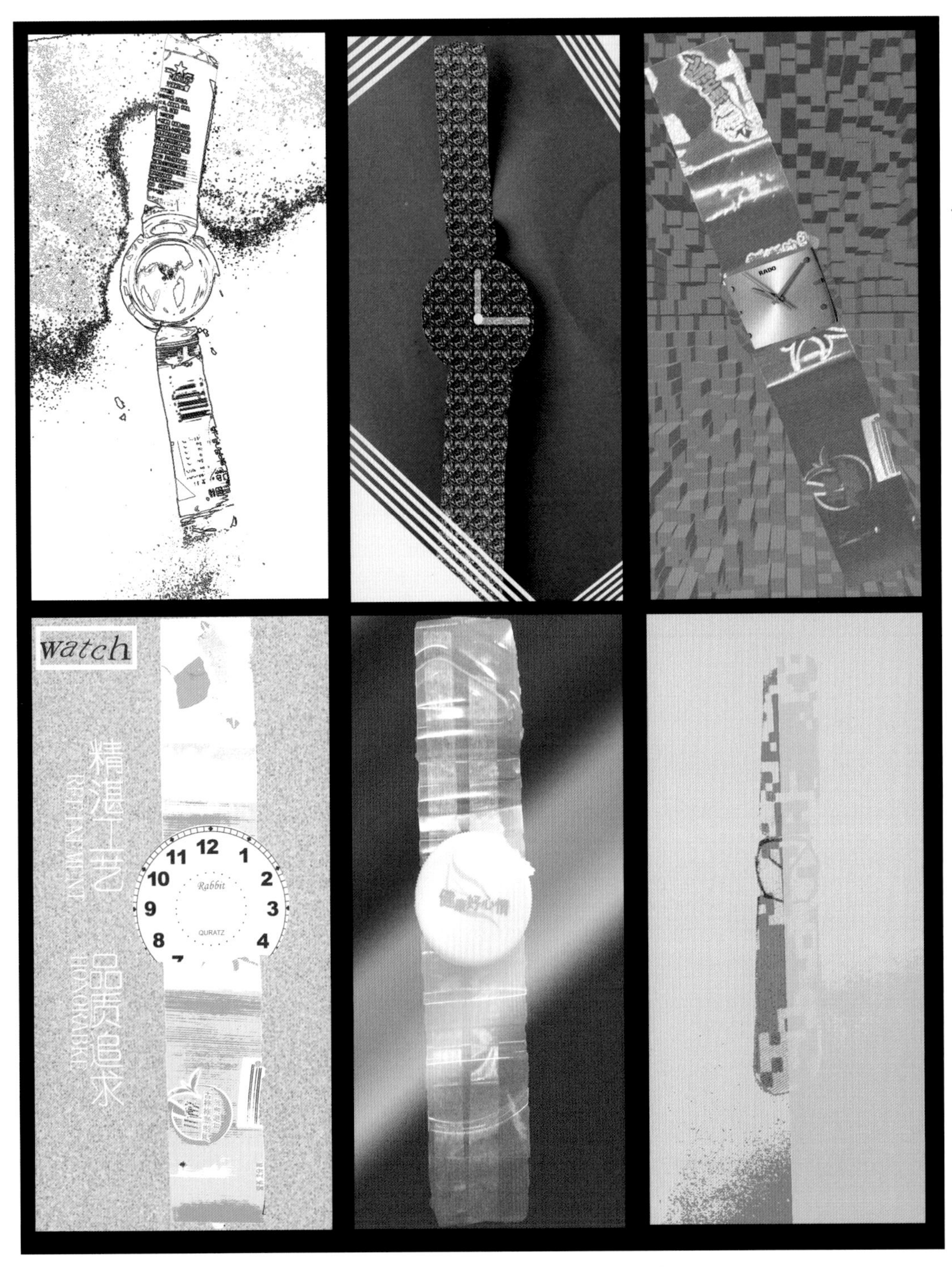

图 5.7　造图——现代化工具处理后的手表

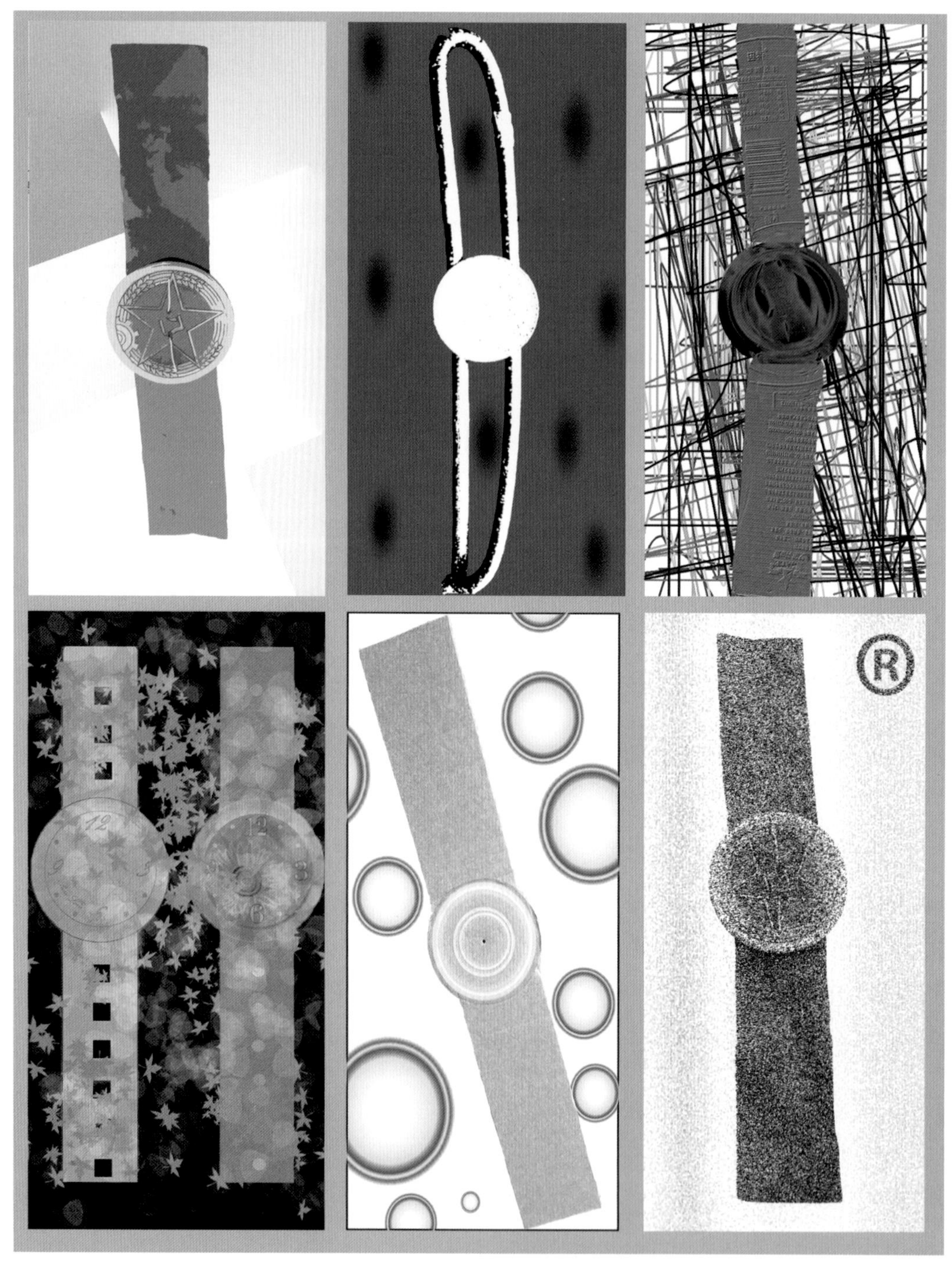

图 5.8　造图——现代化工具处理后的手表

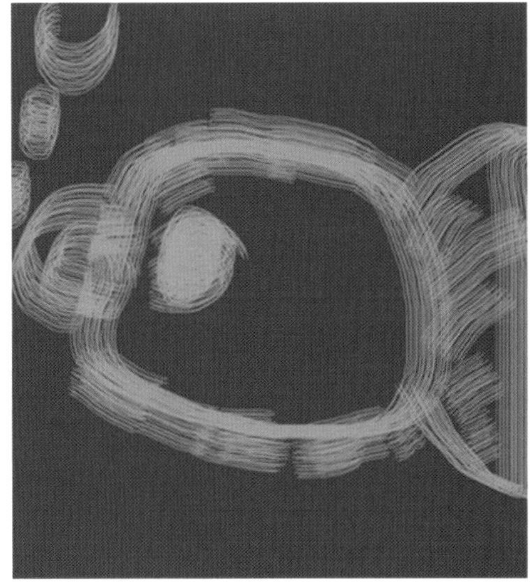

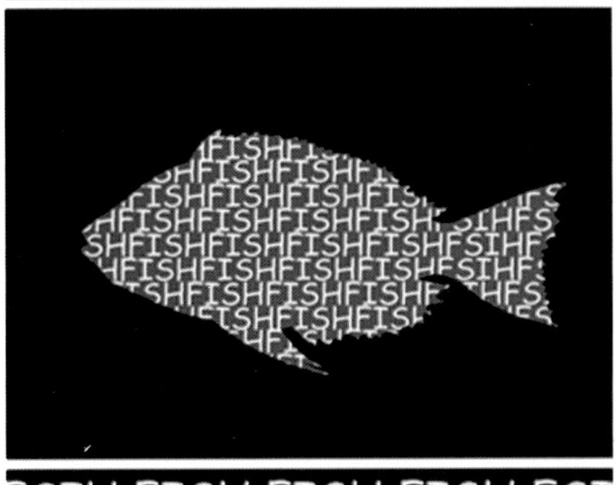

图 5.9　造图——现代化工具处理后的鱼

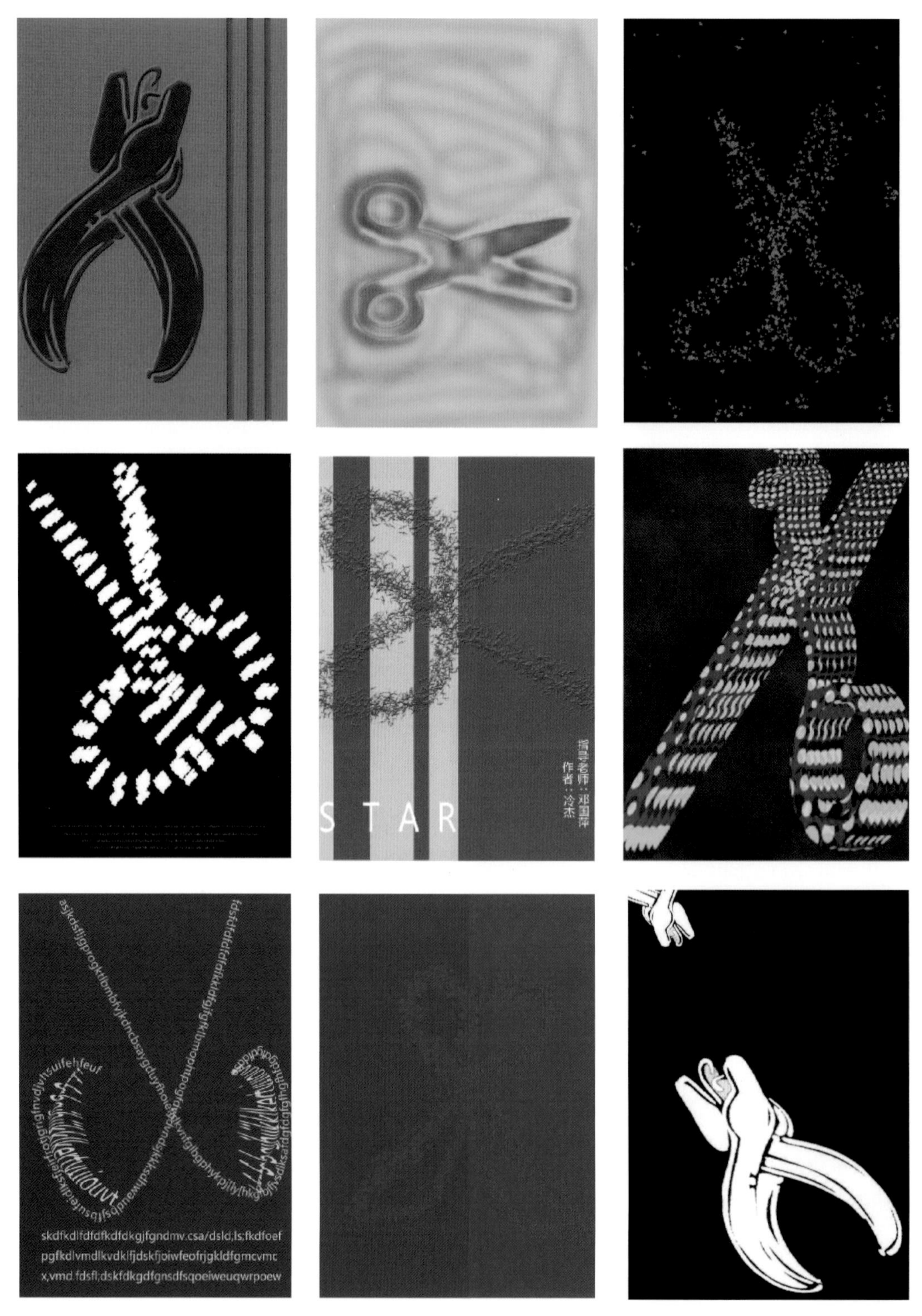

图 5.10　造图——现代化工具处理后的剪刀和钳子

学习情境6　图形的处理与展示

学习要点

- 关注图形的形式语言、综合的表现力。
- 关注图形语言的形式法则及图形形式的加工处理，进行新的图形创造。

任务描述

把经过选择的图形进行加工、完善、补充、汇总，思考如何把它们以带有个性魅力的方式成型并整体地展示出来，形式不限。

相关知识

1. 图形的个性化处理

对前面学习阶段所作的图形进行进一步的筛选，进行综合加工处理。不仅从单一的形态或单一的表现上，更是从图形的形式语言、综合的表现力上去整合，创造出多样化、有个性、有质量、有魅力的图形。进入这个阶段后，如何将图的结果处理得更具有图形意识、更富有图形魅力、更能体现时代精神是需要认真把握的。

该学习情境是一个自由发挥的综合练习，也是学生对课程的各部分内容理解、掌握程度的检验。要求学生在学会创造图形的基础上思考如何把现有的图形进行加工、汇总，协调它们之间的相互关系并找到带有个性化的图形展示方式。制作一个有个性的文本或是把作品做成一个特殊的具有魅力的“图形物件”，不仅能培养学生进一步的思维与创造能力，同时还能提高图形本身的内在价值，让图形用它们自己的语言作充分的自我表达。

从内容上，要紧紧地抓住物件的“特征”，关注第一个步骤——对“物”的了解与认识，“应该表达什么”“有哪些可表达、可发挥的”这些内容。具体到每一个物件，在它的诸多可选元素中间应该做出筛选。在这个“物件”中，认真思考什么对我们来说是重要的，什么是它的最主要特征，如何能准确但又最有魅力地表达这个物件。

单个地表现物件与整体地表现物件是有所区别的。注意单个地表现物件的识别性。“可以或不可以，应该或不应该，恰当和不恰当，好或不好”，所有这些均是应该在创作中精心把握的，这就是希望培养的“艺术感觉”与“艺术品位”。

2. 图形的展示

前面的工作相当于以点的形式，现在则是把一个个点连成线，把一个个孤立的图连成一个完整的整体。从对物的具体的描述与表达，到对这些图的整体规划、编辑与展示，是一个整体的工作过程。在这个创作过程的最后一个环节中，十分重要的是要从整体的宏观角度去把握主线，合理地决定这些图形的展示方式，并将它们合理地安排到一起。

在表现一组系列的图形时，不仅可以表现物件本身，也可以添加一些有效的图形元素，如色彩、文字，或是一些与物件相关的可开发利用的因素。如表现剪刀时，线与织物都可以被利用。不仅如此，还可以借助如石像石、民间剪纸、电子效应等特殊的工艺与技术特征来丰富图形语言。教给学生方法与规律，灵活多变、举一反三的能力，才能使学生在今后的实际需求中得心应手。

任务实施

1. 作业要求：把经过选择的图形进行加工、完善、补充、汇总，思考如何把它们以带有个性魅力的方式成型并整体地展示出来，形式不限。

2. 作业数量：1 件。

3. 作业提示：当展示设计以文本形式出现时，图与图之间的连接关系是很重要的。有时两张图，单独看时都不错，但放在一起却互相冲突。整个作业中图的前后次序，以及它们之间的节奏关系都需要精心对待。

图形展示：案例分析之一　鼠标（易荣英）

作者以鼠标为表现对象，以“画册”的形式展示了鼠标与空间、氛围的关系。在“画册”的排版上，作者通过不同的构图裁取，展示了图底面积关系的变化而产生的不同视觉效果，颇具现代意识。

MOUSE
制作人：计应171 易荣英

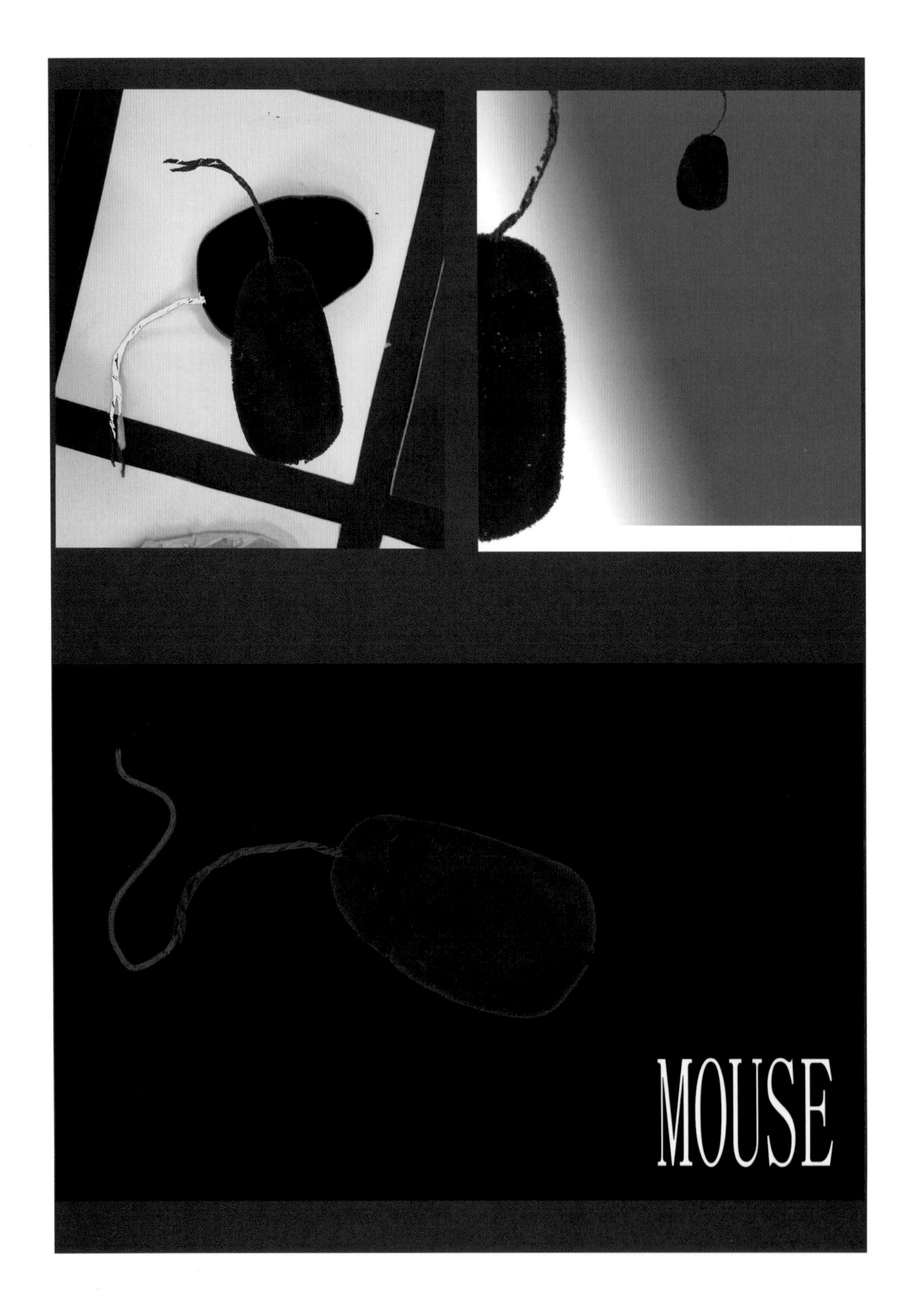
MOUSE

MOUSE

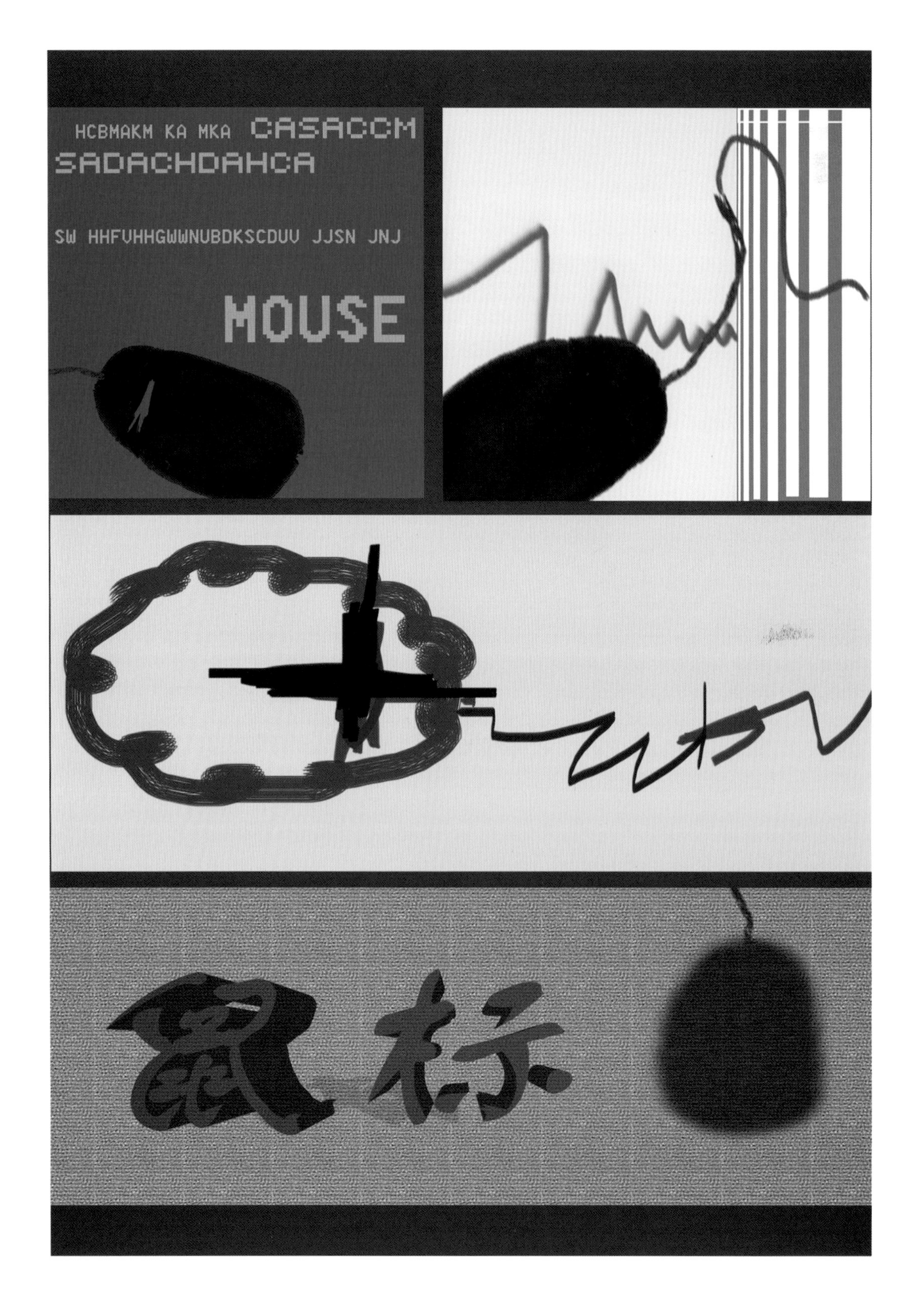
HCBMAKM KA MKA CASACCM
SADACHDAHCA
SW HHFVHHGWWNUBDKSCDUV JJSN JNJ
MOUSE
鼠标

IntelliPoint 软件允许您自定义 Microsoft 鼠标的独特功能，以便满足特定要求。使用 IntelliPoint 鼠标软件，您可以重新分配每个鼠标按钮（包括滚轮按钮），使之执行某一命令或键盘快捷方式，如“撤销”“关闭”或应用程序特定功能。此外，您还可以修改鼠标设置，如指针速度和更新的水平滚动。IntelliPoint 6.1 甚至提供高级身份管理的生物学支持。如果使用 Bluetooth 鼠标或键盘，您必须安装 Windows XP Service Pack 2。

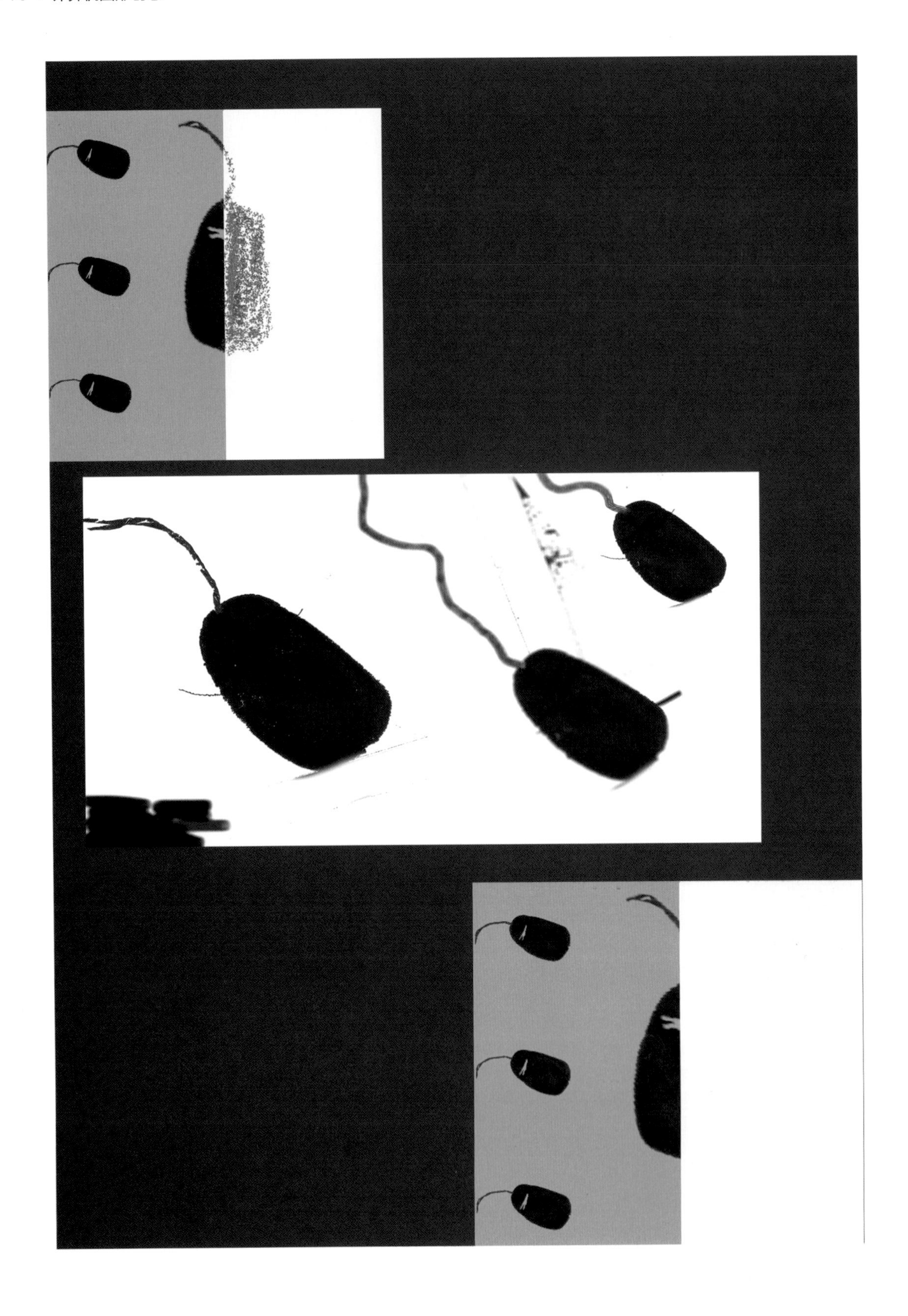

图形展示：案例分析之二　汽车（隆宇）

作者以皮卡车为表现对象，以“书”的形式讲述了车的“故事”。在图形处理上作者采用了多样化的表现手法，使用现代化工具与手法完成，从基础造型入手，加上计算机轻松、自如的造型与色彩的处理，使图形显得现代与“时尚”。

A

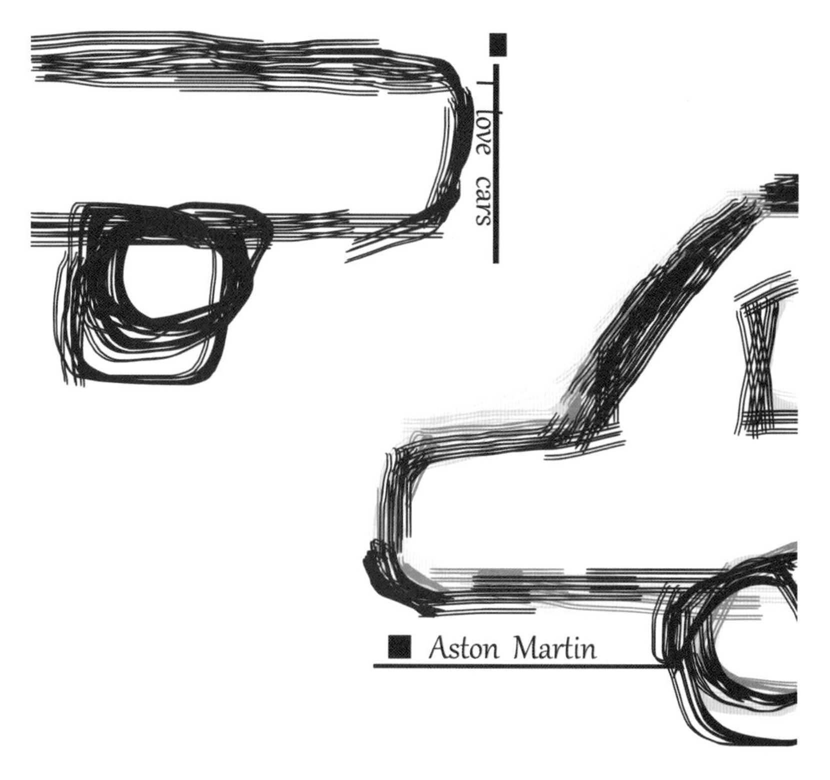
I love cars
Aston Martin

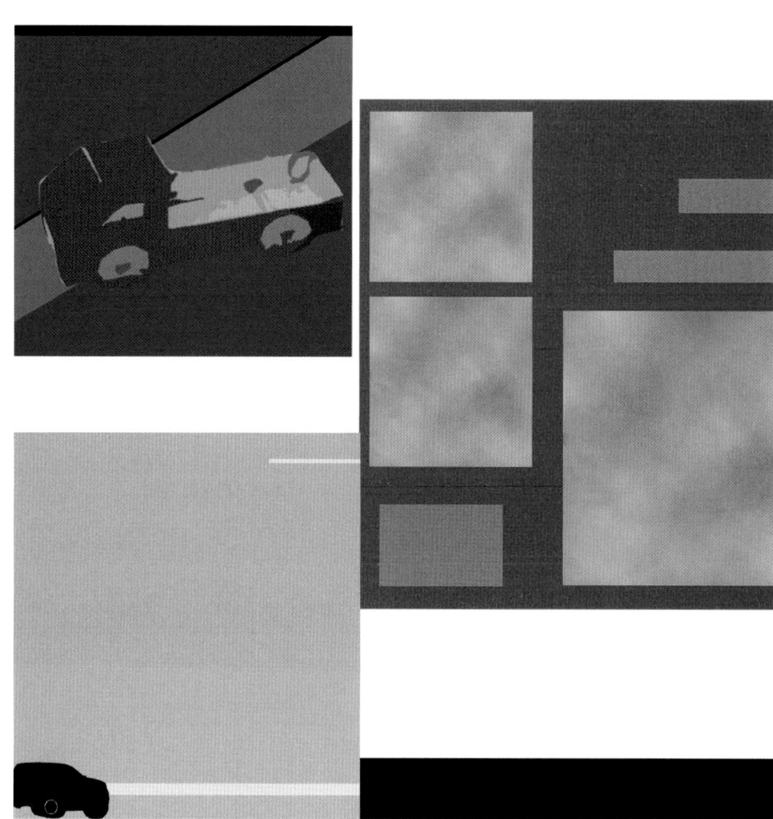

图形展示：案例分析之三　台灯（曾晨霜）

这组案例的对象是台灯，作者从各种不同的视角对主题进行了图形化的拓展。用计算机轻松、自如地在“台灯”上“添砖加瓦”，进行造型与色彩的处理，使图形颇具现代意识。

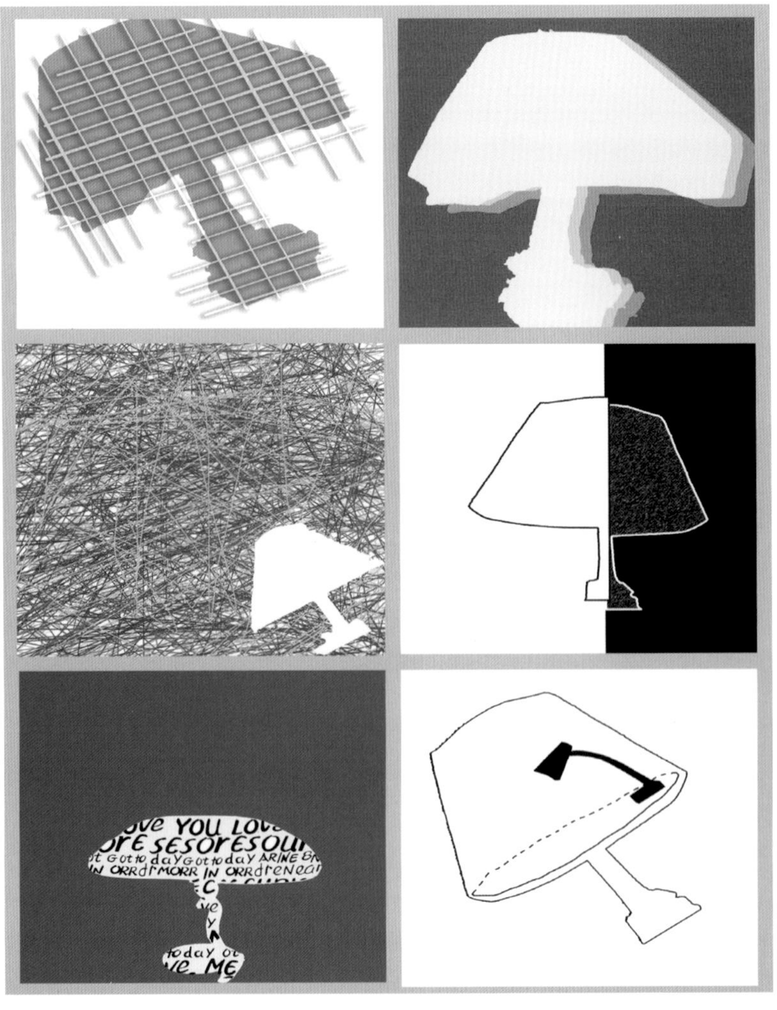

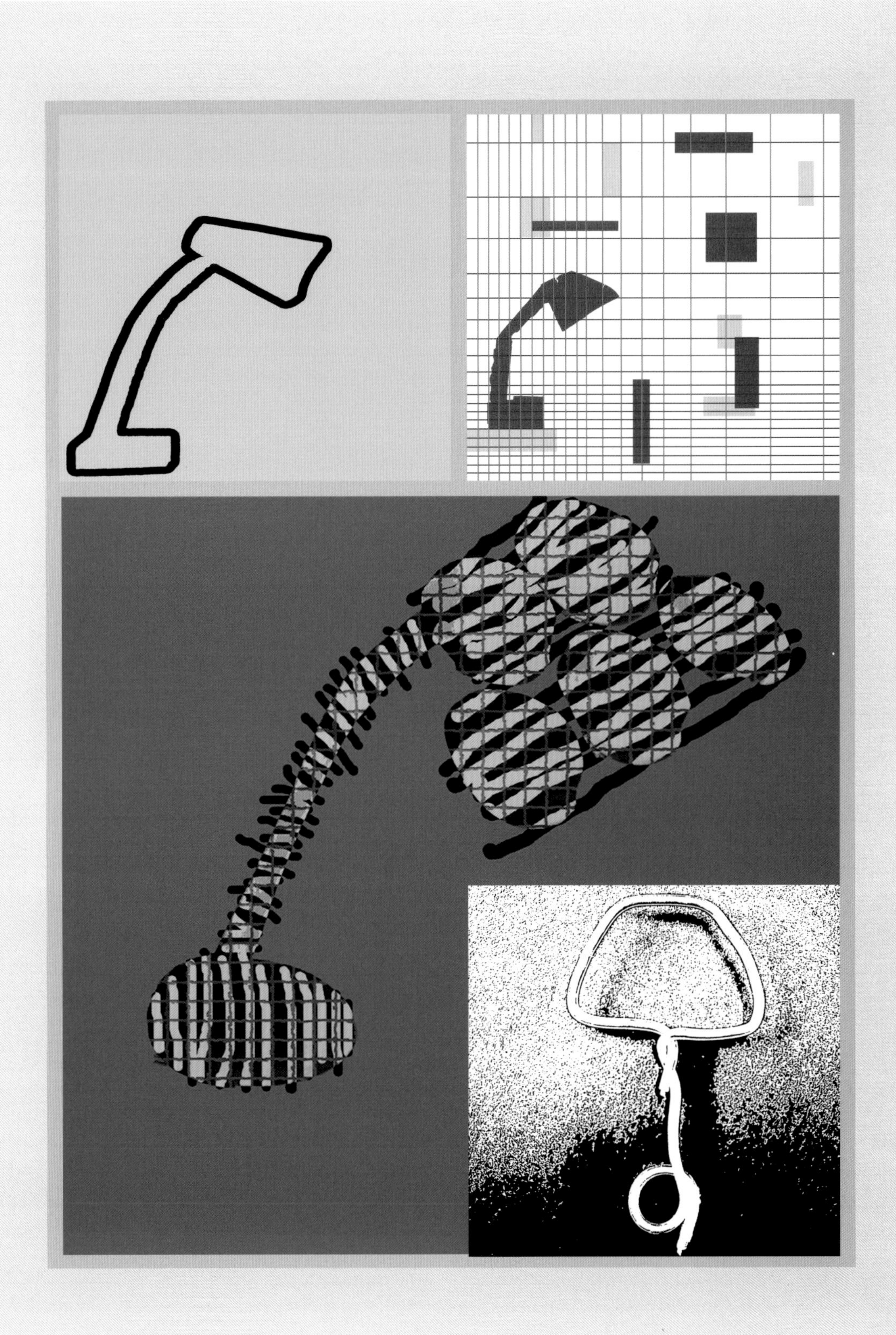

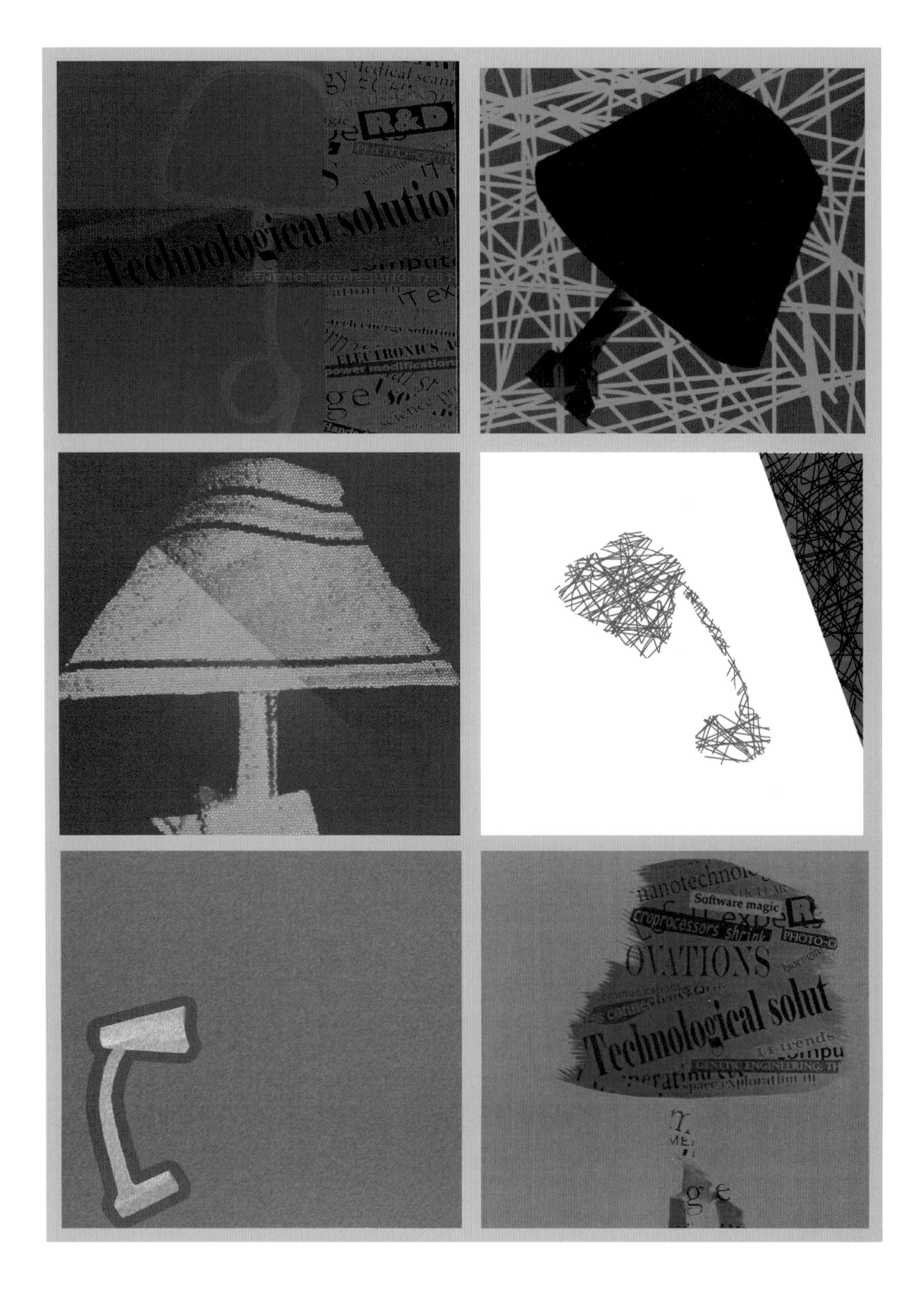
R&D
Technological solutio
ELECTRONICS
Software magic
OVATIONS
Technological solut
GENETIC ENGINEERING

图形展示：案例分析之四　扫帚（古朝霞）

这组案例的对象是生活中使用的清洁工具扫帚，作者在表现这组系列图形时，不仅表现了物件本身，也添加了一些有效的图形元素，如色彩、文字，或是一些与物件相关的可开发利用的元素，让“画册”立即生动了起来。

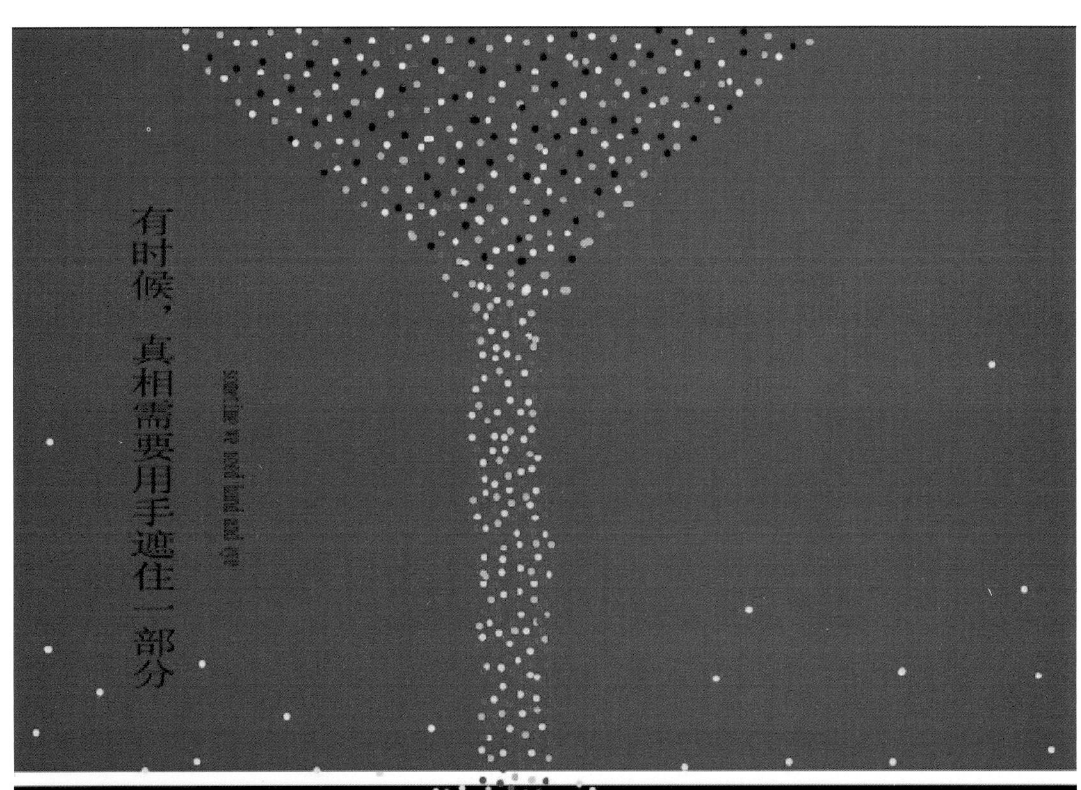

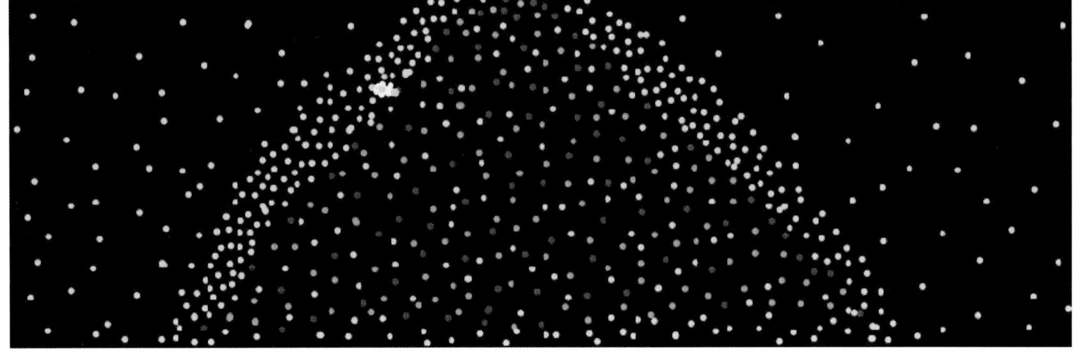

Sao
Sao Zhou
Zhou Zhou ZhouSao
Sao
Zhou

Sao
Sao Zhou
Sao
Zhou
Zhou
3
3

Sao
Zhou
Zhou
Sao
Sao
Zhou
Qiuge
Qiuge

Sao
A
B
Zhou
NO.5

图形展示：案例分析之五　仙人掌（冯燕）

这组案例的对象是植物仙人掌，作者将仙人掌图形与色彩、文字，或是一些与物件相关的有效图形元素结合起来，画面色调轻柔浪漫，版面富于变化，给人以轻松、自如的视觉感受。

北沢
夏祭り

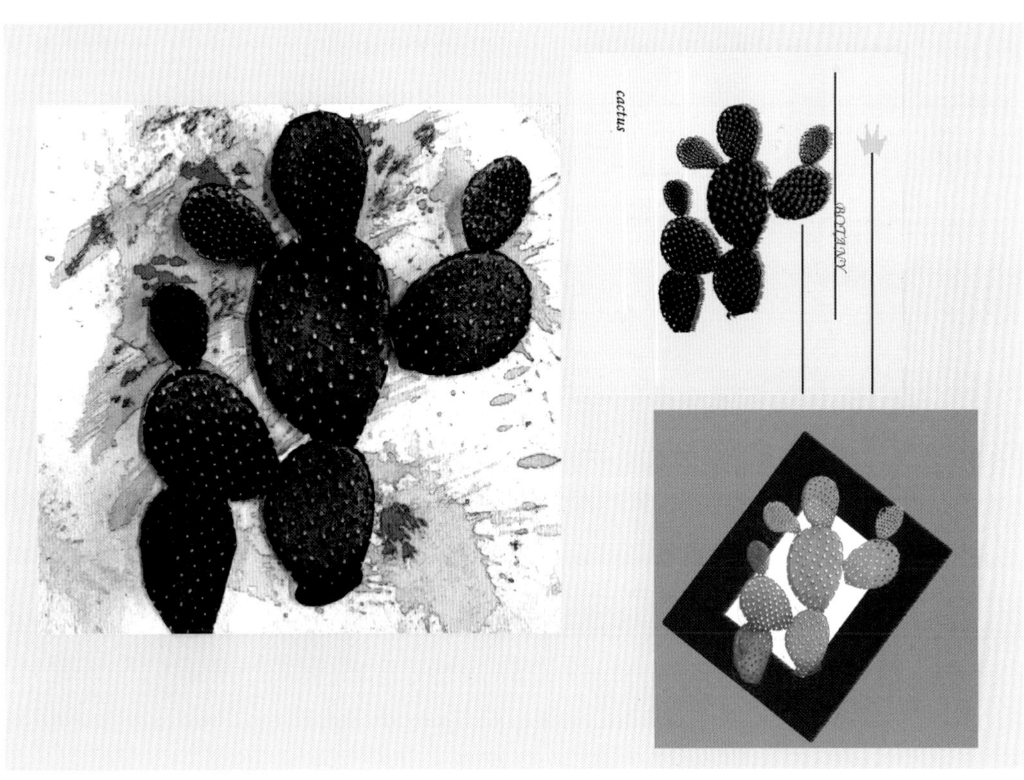
cactus
BOTANY

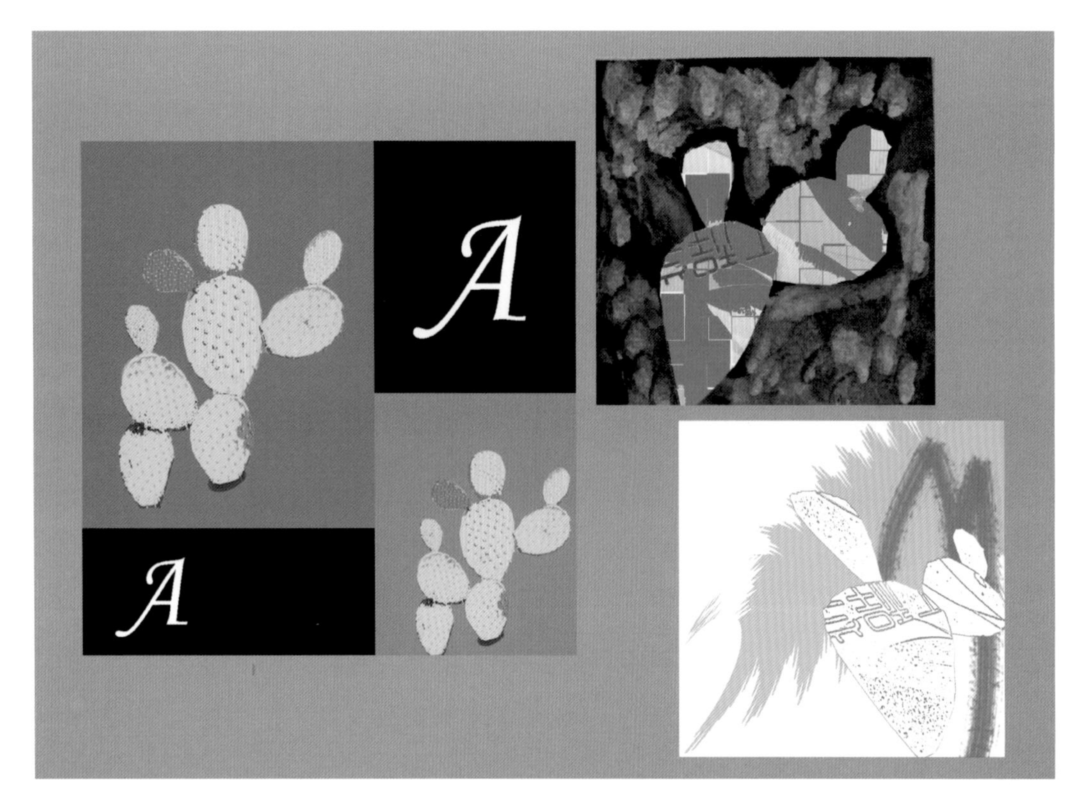
A
A

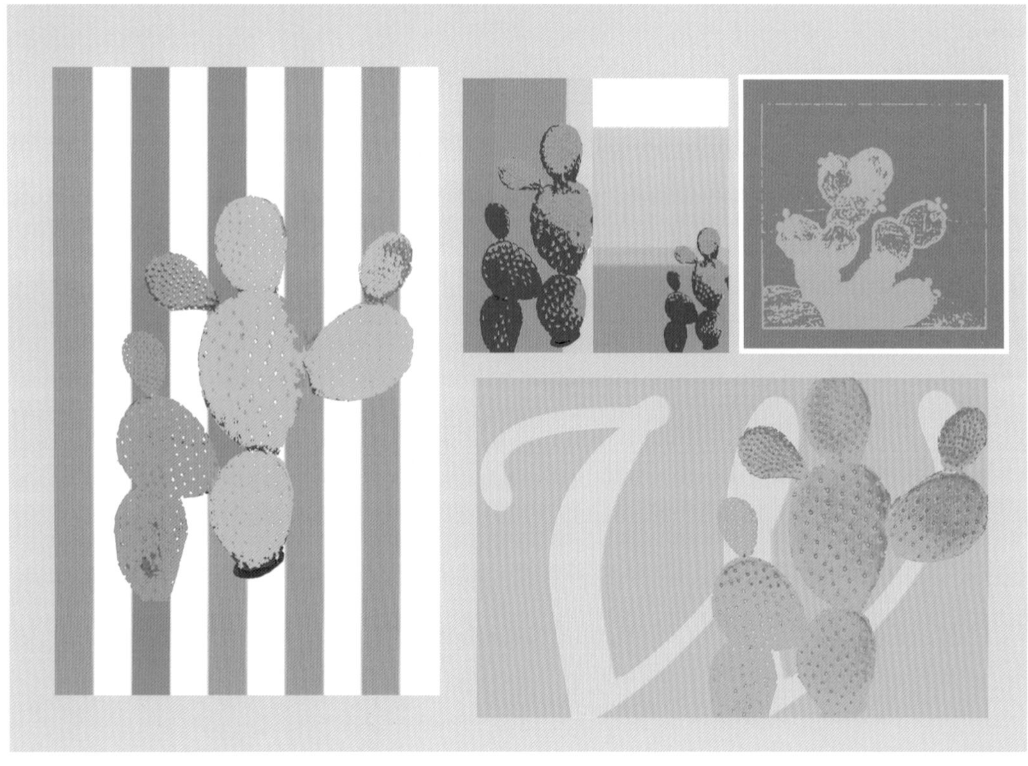

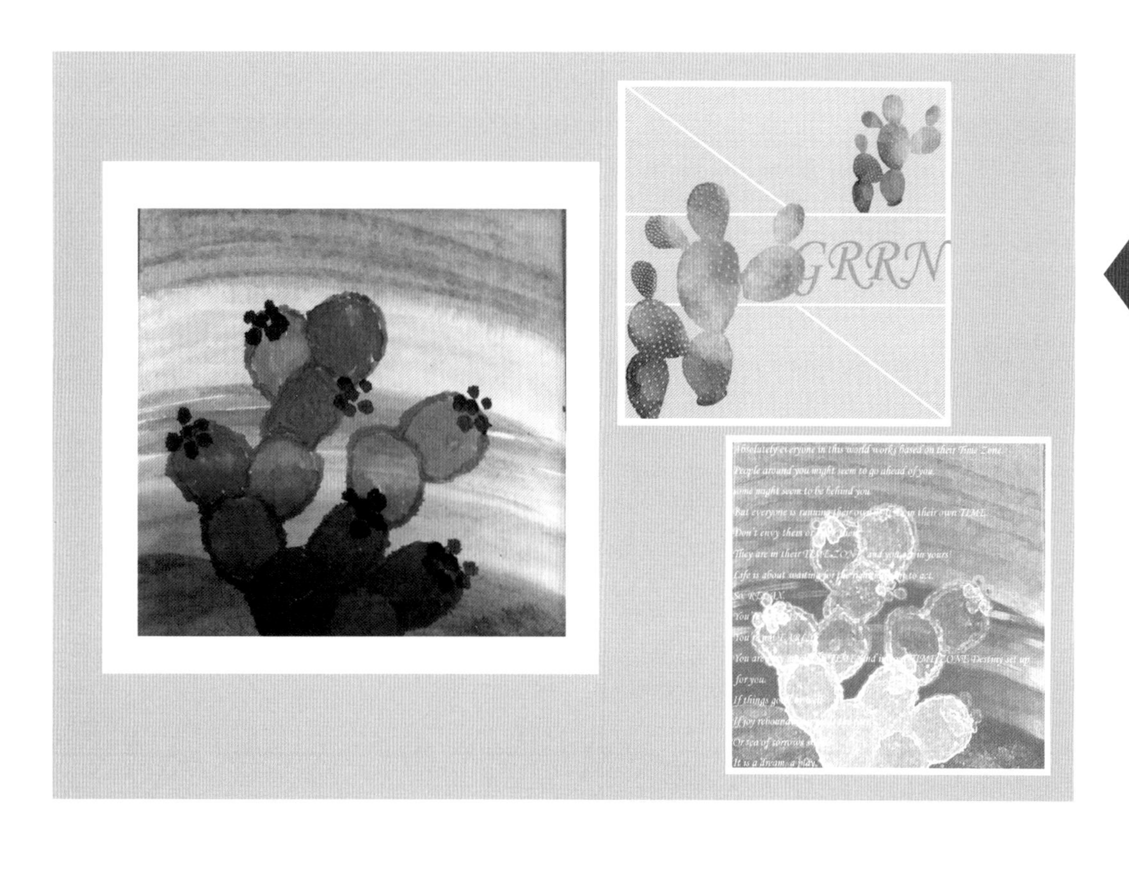

图形展示：案例分析之六　酒杯（伍金）

作者以酒杯为表现对象，以“画册”的形式展示了作业的起步、寻找，到最后完成的状况。在“画册”的排版上，作者较关注图形与空间、氛围的关系，杯子的各种质感与古朴的氛围相得益彰，能为我们的表现带来更宽阔的视野。

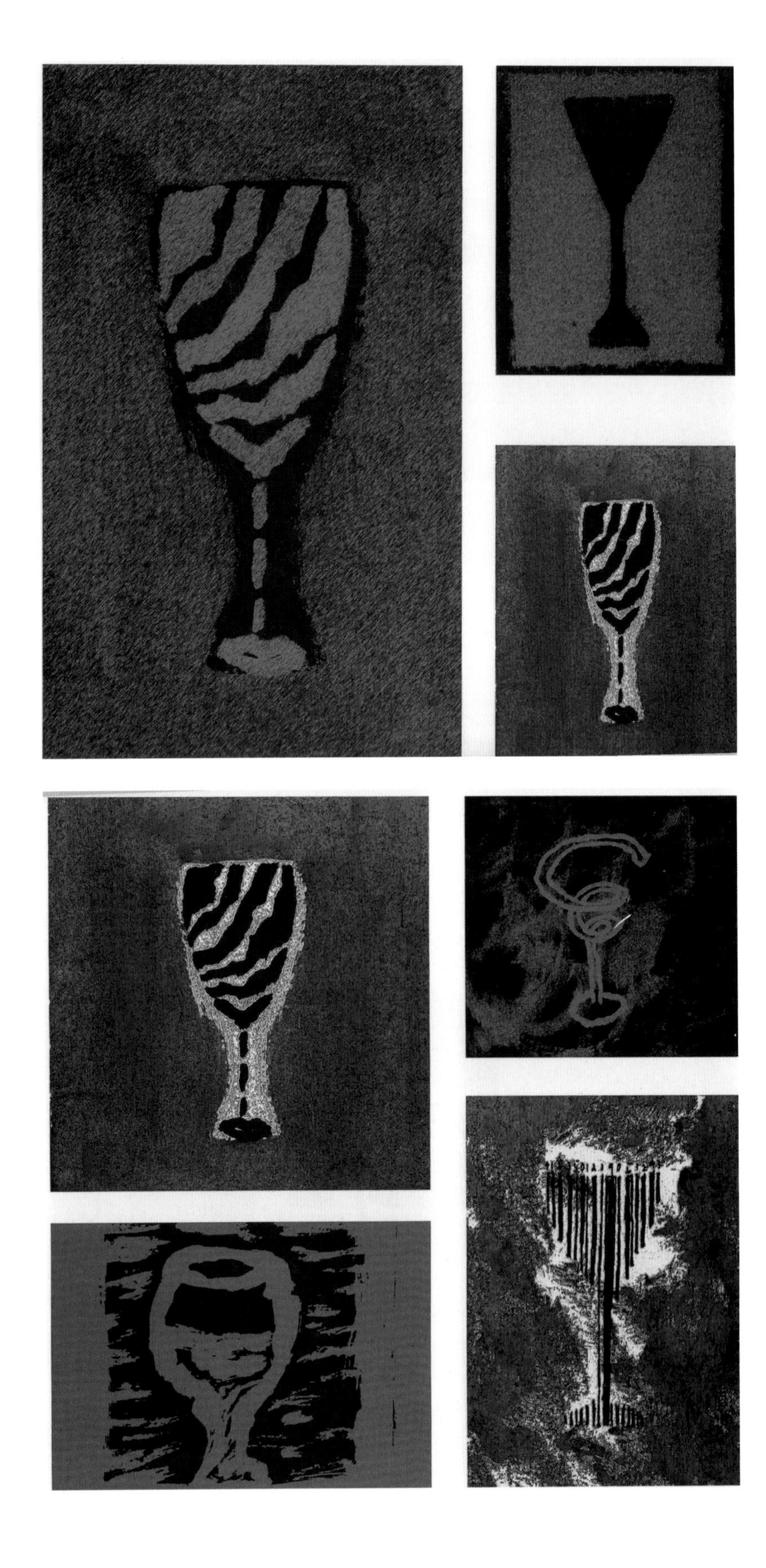

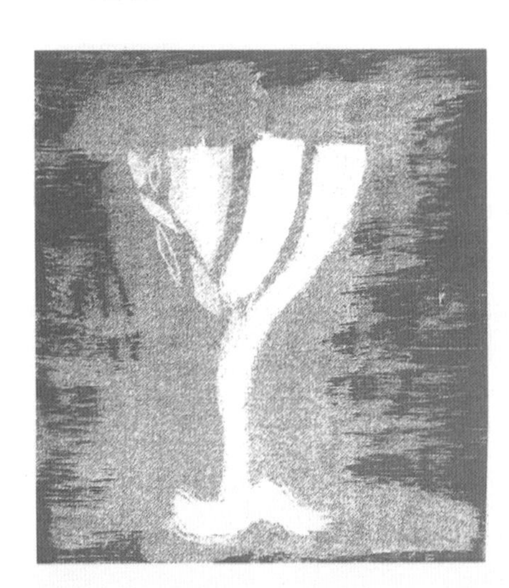

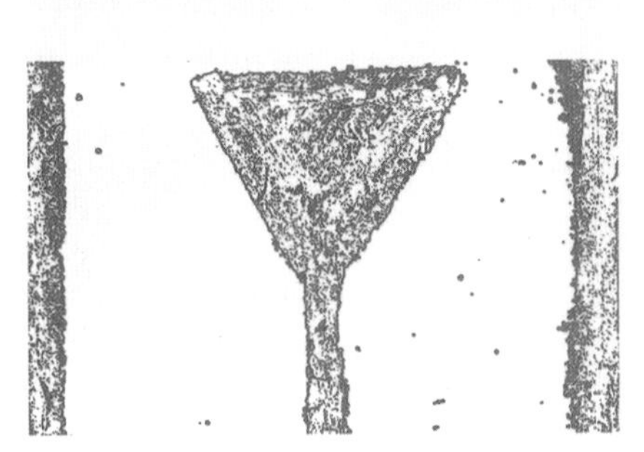

第三部分
图形表现与创意

学习情境 7　图形创意的构成形式

学习要点

- 掌握图案的构成方法，锻炼学生的节奏感、整体感及对装饰色彩的认识、应用。
- 熟悉二方连续的构成骨架和四方连续的构成骨架。
- 熟悉图形的加工手法。
- 熟悉图形的分类，并了解每种类别。

任务描述

图形创意的构成形式有多种，学习了“图案和图形”知识点后，根据连缀式四方连续的组织形式，选择一个纹样作为设计素材，设计制作两幅四方连续纹样；选择一种图形，运用图形加工手法中的添加、几何、省略、夸张四种方法进行加工。

相关知识

第一部分——图案

图案包括很多种构成形式，有单独纹样、适合纹样、连续纹样。其组成结构如图 7.1 所示。

1. 单独纹样

单独纹样是指没有外轮廓及骨格限制，可单独处理、自由运用的一种装饰纹样。这种纹样的组织与周围其他纹样无直接联系，但要注意外形完整、结构严谨，避免松散零乱。单独纹样可以单独用作装饰，也可用作适合纹样和连续纹样的单位纹样。作为图案的最基本形式，单独纹样从布局上分为对称式和均衡式两种形式。

（1）对称式，又称均齐式，特点是以假设的中心轴或中心点为依据，使纹样左右、上下对翻或四周等翻。图案结构严谨丰满、工整规则。再细分又可分为绝对对称和相对对称两种组织形式。

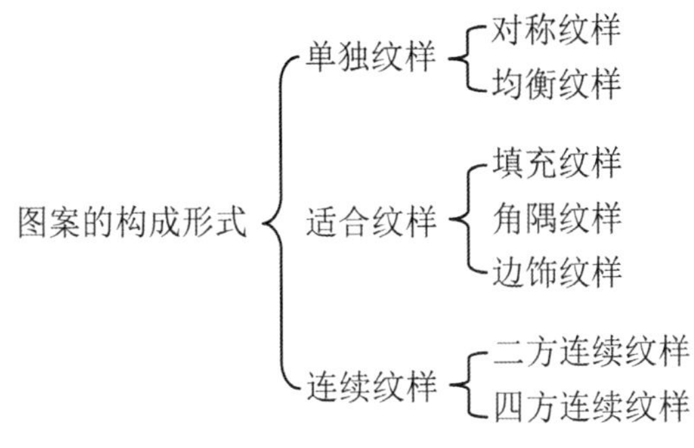

图 7.1　图案的构成形式

其中绝对对称是指纹样关于对称轴或对称点形状、色彩完全相同，等形等量的组织形式。具有条理、平静、严肃、稳定的风格，力量感较强。按对称角度的不同，一般有左右对称、上下对称、旋转对称三种形式。按基本型的组织动势又可分为独立式、相对式、相背式、交叉式、向心式、离心式、结合式等。

- 上下左右对称（如图 7.2 和图 7.3 所示）

图 7.2　左右对称图案

图 7.3　上下对称图案

- 旋转对称（如图 7.4 所示）

图 7.4　旋转对称图案

相对对称是指纹样总体外轮廓呈对称状态，但局部存在形或量的不等之处的组织形式，具有动静结合、稳中求变的新鲜感，如图 7.5 所示。

（2）均衡式图案，又称平衡式图案，特点是不受对称轴或对称点的限制，结构较自由，但要注意保持画面重心的平稳。这种图案主题突出、穿插自如、形象舒展优美、风格灵活多变、运动感强，如图 7.6 所示。

图 7.5　相对对称图案

图 7.6　均衡式图案

2. 适合纹样

适合纹样是将形态限制在一定形状的空间内，整体形象呈某种特定轮廓的一种装饰纹样。适合纹样外形完整，内部结构与外形巧妙结合，常独立应用于造型相应的工艺美术装饰上。

从外形上看，适合纹样可归纳为几何形、自然形和人造形三种形式。常见的几何形有方形、圆形、三角形、多边形等，自然形有梅花形、海棠形、桃形、葫芦形等，人造形有器具形、建筑形、家具形、服装形等。

从内部布局上看，适合纹样与单独纹样类似，也分对称式和均衡式两种形式，但骨式更丰富，有立式、辐射式（离心式、向心式、结合式）、旋转式（同形、太极形）和多层式等，如图 7.7 至图 7.9 所示。

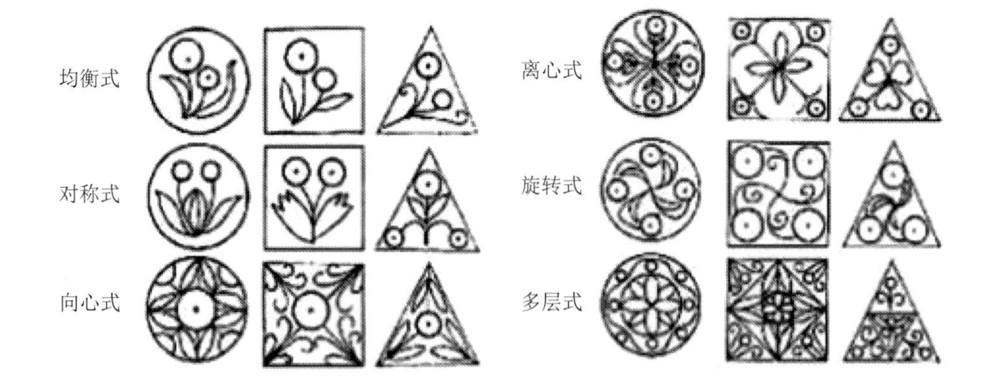

图 7.7 适合纹样布局

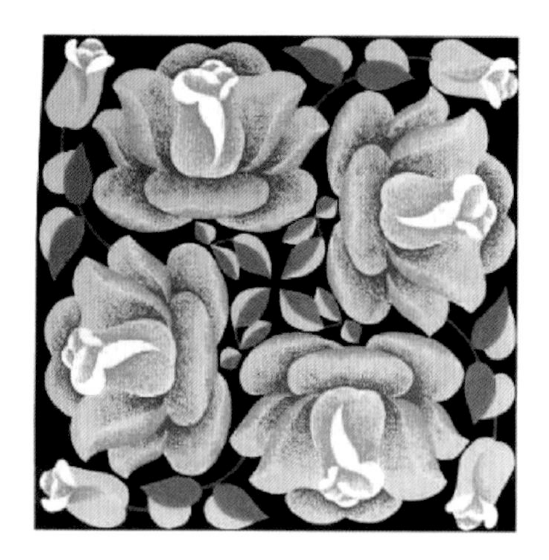

图 7.8 立式适合纹样

图 7.9 辐射式适合纹样

从组织类型应用上看，适合纹样一般分为以下三种形式：

（1）填充纹样。

填充纹样是指用一个或数个不同的形象填满一定的外轮廓，其形象自然地随外形而变，亦可稍稍突出边线，常用于建筑、园艺、陶瓷、服饰、商标、标志等的上面。填充纹样图案单纯明确、优美完整，但要注意空间分隔得体及整体的平衡感，如图 7.10 所示。

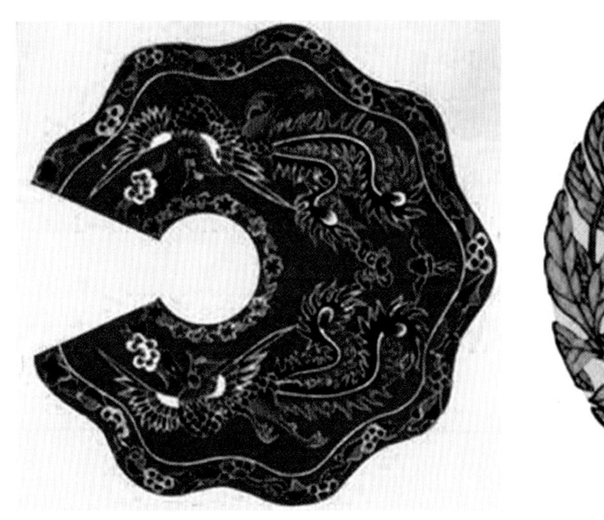

图 7.10　填充纹样

（2）角隅纹样。

角隅纹样是指与角的形状相适合，受到等边或不等边角形限制的装饰纹样，可用于一角、对角或多角装饰上。除内部纹样要随角形而变外，角尖端外形亦可作变化，广泛用于门窗、手帕、方巾、桌布、床单、地毯、服装及各种角形器物上，如图 7.11 所示。

图 7.11　角隅纹样

（3）边饰纹样。

边饰纹样是指受一定外形的周边所制约的边框纹样，可以是一个单位纹样单独出现，也可以是单位纹样的有限重复或首尾相接，广泛用于陶瓷、服饰品、包装盒及各种器物的周边，如图 7.12 所示。

图 7.12　边饰纹样

3. 连续纹样

连续纹样是根据条理与反复的组织规律，以单位纹样作重复排列，构成无限循环的图案。连续纹样中的单位纹样可以是单独纹样，也可以是适合纹样，或者是不具备独立性而一经连续后却会产生意想不到的完整又丰富的连续效果的纹样。因此在设计连续纹样时，除了要注意单位纹样本身，更重要的是如何根据连续的方向设计单位纹样的接口，这是产生连续效果的关键，连续得自然与否、紧凑与否、流畅优美与否，都与它息息相关。由于重复的方向不同，一般分为二方连续纹样和四方连续纹样两大类。

（1）二方连续纹样。

二方连续纹样是指一个单位纹样向上下或左右两个方向反复连续循环排列，产生优美的、富有节奏和韵律感的横式或纵式的带状纹样，亦称花边纹样。设计时要仔细推敲单位纹样中形象的穿插、大小错落、简繁对比、色彩呼应及连接点处的再加工。二方连续纹样广泛用于建筑、书籍装帧、包装带、服饰边缘、装饰间隔等。

二方连续的组织骨式变化极为丰富，一般可分为八种不同的基本排列骨式：散点式、直立式、倾斜式、波浪式、水平式、一整二破式、折线式、旋转式。

设计过程中应注意其排列的韵律变化，如疏密、大小、色调等的变化，以期达到完整的视觉效果。

- 散点式：单位纹样一般是完整而独立的单独纹样，以散点的形式分布开来，之间没有明显的连接物或连接线，简洁明快，但易显呆板生硬。可以用两三个大小、繁简有别的单独纹样组成单位纹样，产生一定的节奏感和韵律感，装饰效果会更生动，如图 7.13 所示。

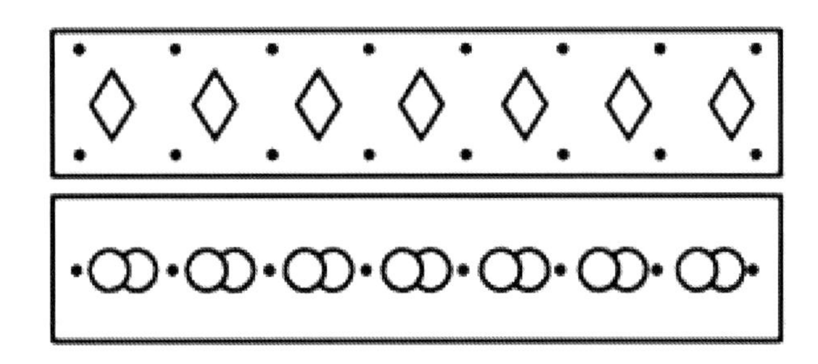

图 7.13　散点式二方连续

- 直立式：有明确的方向性，可垂直向上或向下，也可以上下交替，如图 7.14 所示。

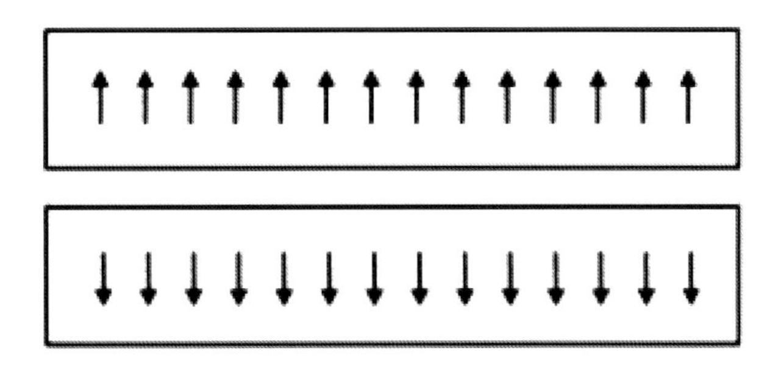

图 7.14　直立式二方连续

- 倾斜式：倾斜排列，有并列、穿插等形式，以折线的形式排列，有直角、锐角和钝角的排列方式，整体效果干脆利落，如图 7.15 所示。

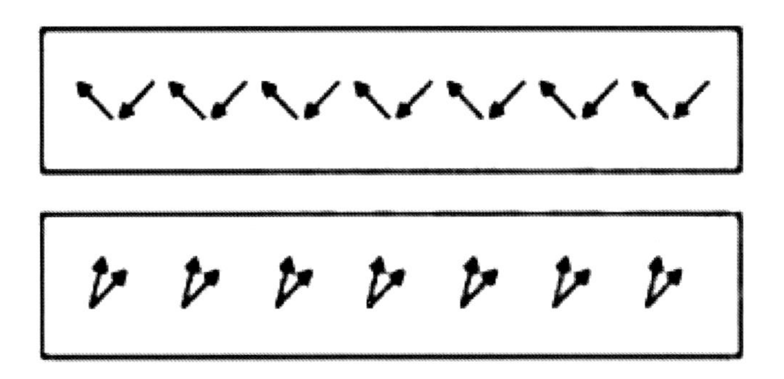

图 7.15　倾斜式二方连续

- 波浪式：单位纹样之间以波浪状曲线作连接，其他纹样依附波浪线，分为单线波纹和双线波纹两种，可同向排列，也可反向排列，具有明显的向前推进的运动效果，连绵不断、柔和顺畅，节奏起伏明显，动感较强，如图 7.16 所示。

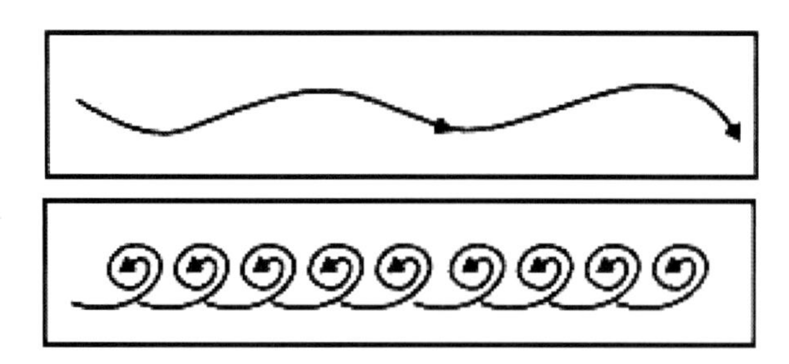

图 7.16 波浪式二方连续

- 水平式：水平式二方连续与垂直式二方连续相同，只是它不呈纵向排列，而是呈水平排列，有同向、异向等多种组织形式，垂直式和水平式都有稳定感和统一感，如图 7.17 所示。

图 7.17 水平式二方连续

- 一整二破式：中心位置有一个完整形，上下或者左右各有一个半破形，以此组合为单元体排列，如图 7.18 所示。

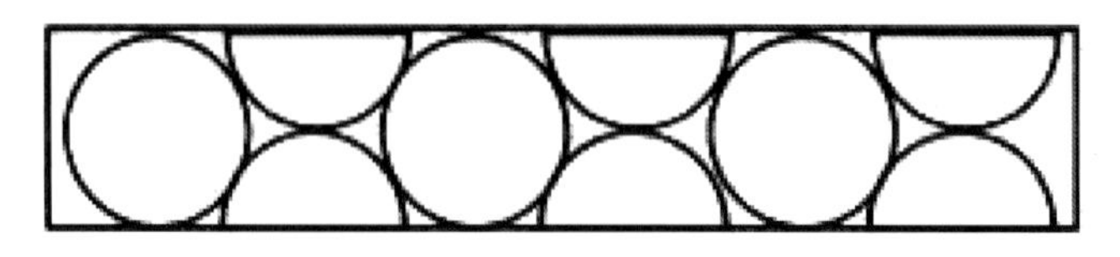

图 7.18 一整二破式二方连续

- 折线式：单位纹样之间以折线状转折作连接，直线形成的各种折线边角明显，刚劲有力，跳动活泼，如图 7.19 所示。

图 7.19 折线式二方连续

- 旋转式：单位纹样之间以旋转状进行连接，具有旋转动态效果，连绵不断，动感较强，如图 7.20 所示。

图 7.20　旋转式二方连续

- 综合式：以上方式相互配用，巧妙结合，取长补短，可产生风格多样、变化丰富的二方连续纹样。单位纹样之间以圆形、菱形、多边形等几何形相交接的形式作连接，分割后产生强烈的面的效果，设计时要注意正形、负形面积的大小和色彩的搭配，如图 7.21 所示。

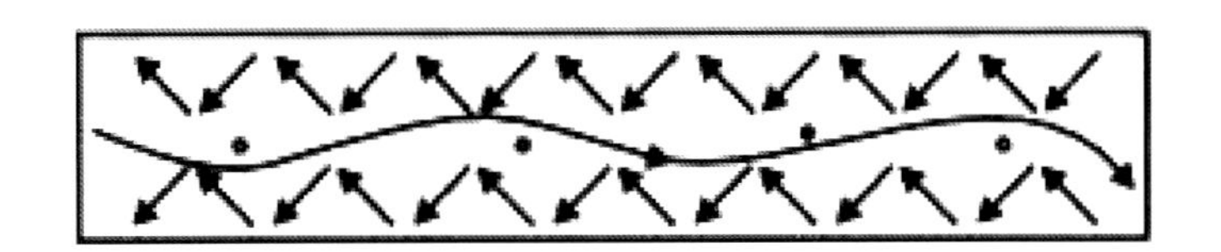

图 7.21　综合式二方连续

（2）四方连续纹样。

四方连续纹样是指一个单位纹样向上下左右四个方向反复连续循环排列所产生的纹样。这种纹样节奏均匀，韵律统一，整体感强。设计时要注意单位纹样之间连接后不能出现太大的空隙，以免影响大面积连续延伸的装饰效果。四方连续纹样广泛应用在纺织面料、室内装饰材料、包装纸等的上面。

按基本骨式变化分，四方连续纹样主要有以下三种组织形式：

1）散点式四方连续纹样。

散点式四方连续纹样是一种在单位空间内均衡地放置一个或多个主要纹样的四方连续纹样。这种形式的纹样一般主题比较突出，形象鲜明，纹样分布可以较均匀齐整、有规则，也可以自由、不规则。但要注意的是，单位空间内同形纹样的方向可作适当变化，以免过于单调呆板。

- 一个散点：在一个循环单位区域内，配置一个或一组纹样。
- 两个散点：在一个循环单位区域内，配置两个或两组纹样，一般以中小型组花为宜。排列方法是将一个循环单位划分为四个区间，在两个区间内各配置一个散点。如果纹样带有方向性，最好以丁字排列为宜。
- 三个散点：在一个循环单位区域内，配置三个或三组纹样，纹样可分大、中、小，按不同方向排列成“丁”字形，中点和小点靠近，大点注意与中、小点形成“丁”字形。方法是将一个循环单位划分为九个小区间，在每行中的一个区间内配置一个散点。

- 四个散点：在一个循环单位区域内，配置四个或四组纹样，纹样宜两大两小，大花之间要适当离开一些，小花之间要适当靠近一些。方法是将一个循环单位划分为 16 个小区间，每行中的一个区间内配置一个散点。

以上散点的组织构成形式如图 7.22 所示。

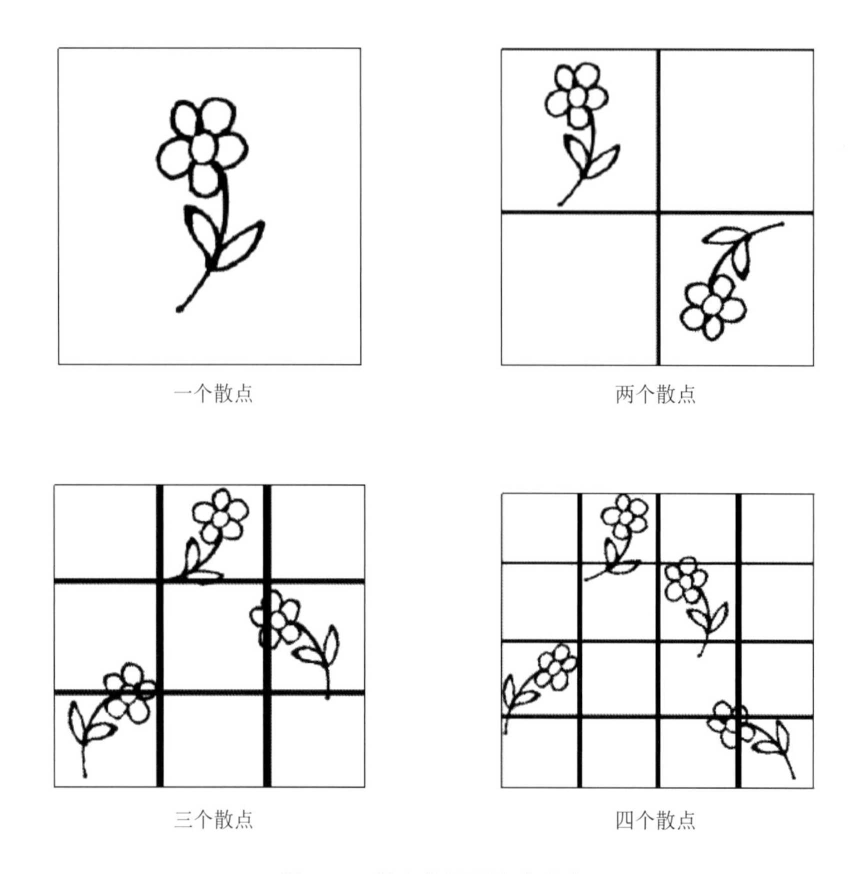

图 7.22　散点的组织构成形式

2）连缀式四方连续纹样。

连缀式四方连续纹样是一种单位纹样之间以可见或不可见的线条、块面连接在一起，产生很强烈的连绵不断、穿插排列的连续效果的四方连续纹样。常见的有波线连缀、几何连缀、转换连缀、梯形连缀等。

- 波线连缀：以波浪状的曲线为基础构造的连续性骨架，使纹样显得流畅柔和、典雅圆润，如图 7.23 所示。
- 几何连缀：以几何形（方形、圆形、梯形、菱形、三角形、多边形等）为基础构成的连续性骨架，若单独作装饰，显得简明有力、齐整端庄，再配以对比强烈的鲜明色彩，则更具现代感；若在骨架基础上添加一些适合纹样，会丰富装饰效果，细腻含蓄、耐人寻味，如图 7.24 所示。

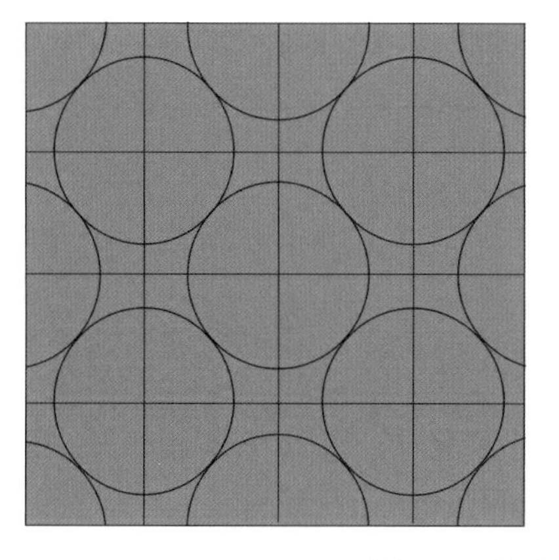

图 7.23 波形连缀式四方连续

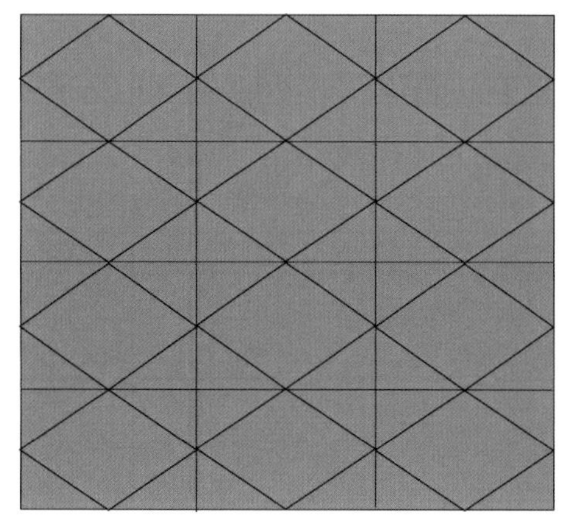
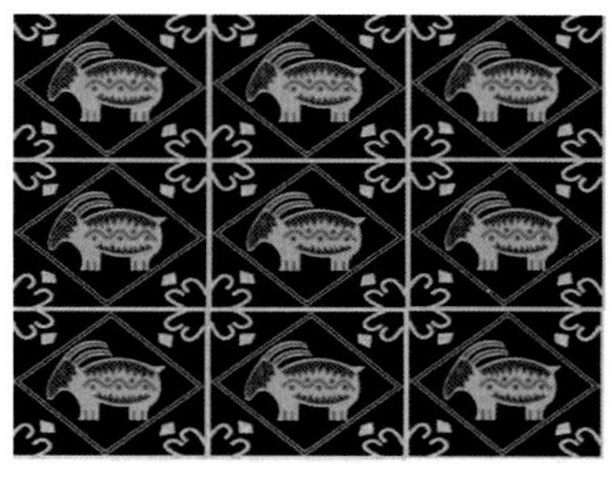

图 7.24 几何形连缀式四方连续

- 转换连缀：在一个基本单位区域内，如圆形、椭圆形，先划分二等分，在一等分里安排一个有方向的纹样，然后在另一等分里将纹样用一百八十度的回转倒置过来，并使之衔接自然，如图 7.25 所示。

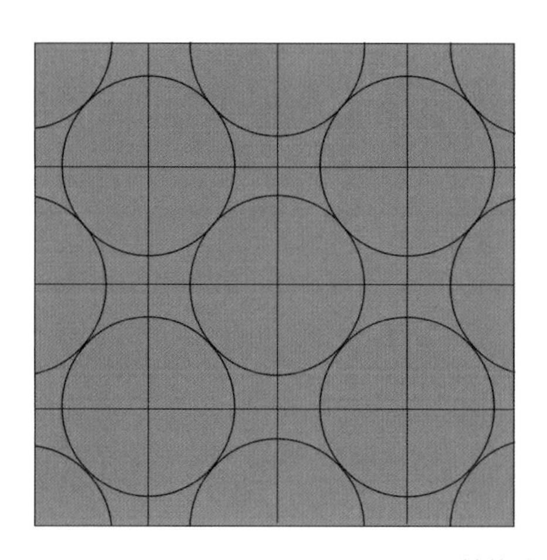

图 7.25 转换连缀式四方连续

- 梯形连缀：由于设计出来的纹样结构像阶梯那样排列有序，规律性很强，所以称之为梯形连缀，常见 1/2、1/3、1/4、2/5 等形式，如图 7.26 所示。

图 7.26　梯形连缀式四方连续

第二部分——图形

图形部分从两个角度来分析，分别是图形的加工手法和图形的分类。

1. 图形的加工手法

图形设计的原始素材可以将自然形象通过加工提炼成图形，进而运用图形的加工手法进行创意设计，起到装饰的作用，且符合主题和用处。其设计方法分为以下几种：

（1）省略法。

省略法就是把繁琐的、次要的部分删掉，保留其最有特征的部分，再加以美化。也就是要运用提炼的手法去粗取精，正如民间所说的“写实如生、简便得体”“以少胜多”的方法，如图 7.27 所示。

（2）夸张法。

夸张法是在省略的基础上，夸张主要对象的特征，突出对象的神态、形态。夸张法常用的表现形式有大小、长短、肥瘦、高矮、方圆、粗细、曲直等。如长颈鹿和大象，一般夸张其形体，以显现颈长或粗壮；而虎的凶猛、猫的温顺、狐狸的狡猾、猴子的灵敏等则多作为重要的着眼点，“不求画面的逼真，只求形象的神似”，夸张要有意境，要有装饰性，如图 7.28 所示。

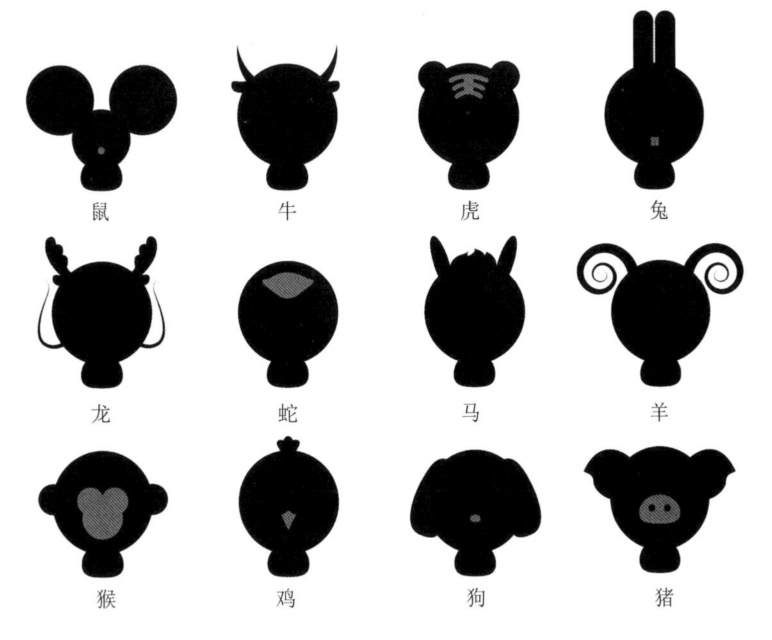

图 7.27　省略法

图 7.28　夸张法

（3）添加法。

添加法是根据设计要求，使省略、夸张了的形象更丰富的手法，是一种先减后加的手法，但不是回到原来的形态，而是对原来形象的加工、提炼，使之更加美化、更有变化，如图 7.29 所示。

图 7.29　添加法

（4）几何法。

几何法是将自然物象归纳成几何形状，用点、线、面等组合成几何形图案的一种方法，具有极好的装饰效果和艺术魅力，如图 7.30 所示。

图 7.30　几何法

（5）创意法。

创意法主要是把一定的理想和美好的愿望寓意于一定的形象之中，来表示对某事的赞颂与祝愿，如图 7.31 所示。

图 7.31　创意法

（6）象征法。

象征法是以某种形象表现相似或相近的概念、思想和感情，在图案设计中以形象象征某种意义。比如，龙凤——最高统治者；牡丹——富贵；印度：大象——吉祥的动物，象征智慧力量和忠诚。如图 7.32 所示。

图 7.32　象征法

2．图形的分类

图形分为以下几种：

（1）点线图形。

点线图形是指使用构成设计中的手法，将“点”元素或“线”元素进行处理，制作成具有一定创意的设计图形，如图 7.33 和图 7.34 所示。

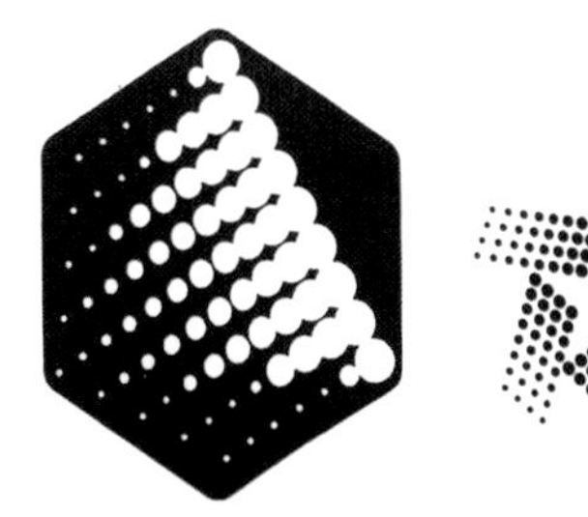

图 7.33　点图形

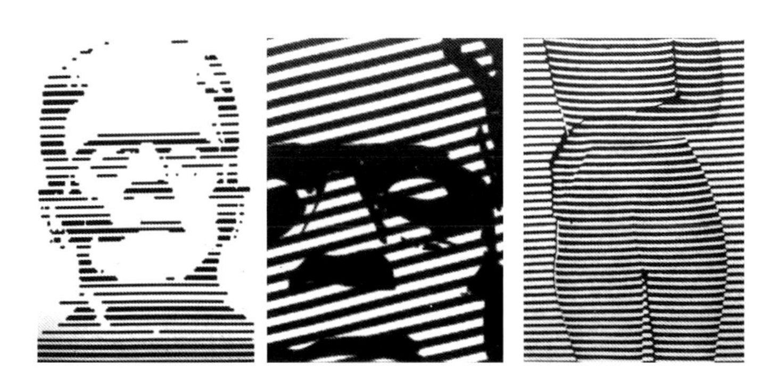

图 7.34　线图形

（2）重叠图形。

重叠图形是指通过图形之间的相互重叠，前面的图形遮住后面图形的一部分，使图形中必要的部分显露出来，不必要的部分被掩盖起来，如图 7.35 所示。

图 7.35 重叠图形

（3）切割图形。

切割图形是指将一个完整的图形作若干次等分或不等分的分割，使原来的图形造成中断和分离，形成若干不同的局部图形，这些局部图形组成一个不同层次的排列，如图 7.36 所示。

图 7.36 切割图形

（4）趣结图形。

趣结图形是指将没有足够柔软度或在人们观念中觉得不可能成结的物体弯曲成结，形成有趣新颖的视觉图像，如图 7.37 所示。

图 7.37　趣结图形

（5）趣透图形。

趣透图形是指借助一种物体穿透另一种物体的物理原理，而生活中不可能存在这种现象，这种图形极具趣味性，如图 7.38 所示。

图 7.38　趣透图形

（6）趣弯图形。

趣弯图形是指利用物体弯曲、变形以后产生的形态变化来设计、创作的图形，如图 7.39 所示。

图 7.39　趣弯图形

（7）趣影图形。

打破人们对影子的一般概念，利用大胆的变形对物体的影子进行全新的“再造”，使之更有趣，如图 7.40 所示。

图 7.40　趣影图形

（8）正负图形。

借助图底的相互反转、相互借用、相互依存的关系，设计出有趣的图形，如图 7.41 所示。

（9）共生图形。

共生图形是指两个或两个以上的形象共享一个空间，同一边缘轮廓，相互依存，构成缺一不可的统一体。共生图形是以一个主要图形派生出其他新图形元素，所派生出来的其他新元素往往是创意的中心内涵所在，是整个创意的亮点，如图 7.42 所示。

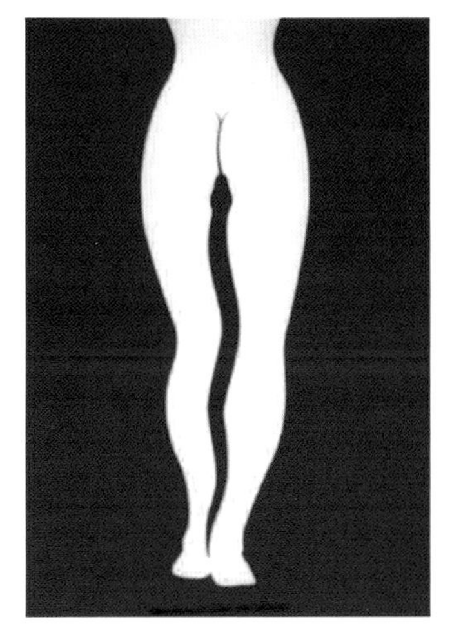

图 7.41　正负图形

图 7.42　共生图形

（10）悖理图形。

悖理图形是生活中不可能出现的，有悖于常理的视觉图形。它将人们熟悉的、合理的和固定的形态变成荒诞的反常规的图形，从而表达隐藏在图形深处的含义，如图 7.43 所示。

（11）同构图形。

将若干相干或毫不相干的图形，通过某种方式进行组合，形成一个新的完整图形，如图 7.44 所示。

（12）置换图形。

依据创意表达的需要，将图形的某一个局部用另一个图形替换而形成的新图形，如图 7.45 所示。

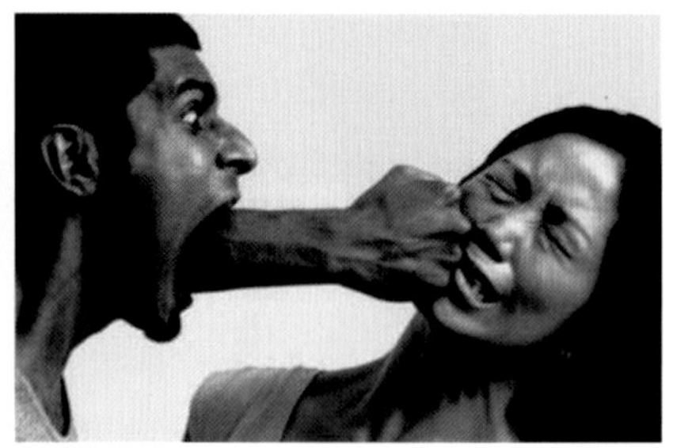

图 7.43　悖理图形

图 7.44　同构图形

图 7.45　置换图形：德国公司 Faber-Castell 生产铅笔广告

任务实施

任务一：

1．作业要求：根据连缀式四方连续的组织形式，选择一个纹样作为设计素材，设计制作两幅四方连续纹样。

2．制作内容：根据上面所叙述的图案知识，选择两种四方连续组织形式，绘制两张四方连续纹样。

3．制作要求：

（1）黑白图稿。

（2）需要先创作一个单独纹样。

（3）体现四方连续组织形式的特点。

4．最后提交物：手绘稿两张。

学生作业展示

图 7.46　学生习作

图 7.47　学生习作

图 7.48　学生习作

图 7.49　学生习作

图 7.50　学生习作

图 7.51　学生习作

考核要点

该任务做的是“四方连续”作业，让学生迅速掌握将图案进行应用制作四方连续纹样的方法。在该任务中主要对以下项目进行过程考核：

（1）选择合适的图案作为四方连续的设计素材。

（2）掌握连缀式四方连续的构成方式。

任务二：

1. 制作内容：选择一种图形，运用图形加工手法的前四种方法进行加工。

2. 制作要求：要求画出原图案。

3. 最后提交物：四种类型图案手绘稿。

学生作业展示

原图　　添加　　几何　　省略　　夸张

图 7.52　学生习作

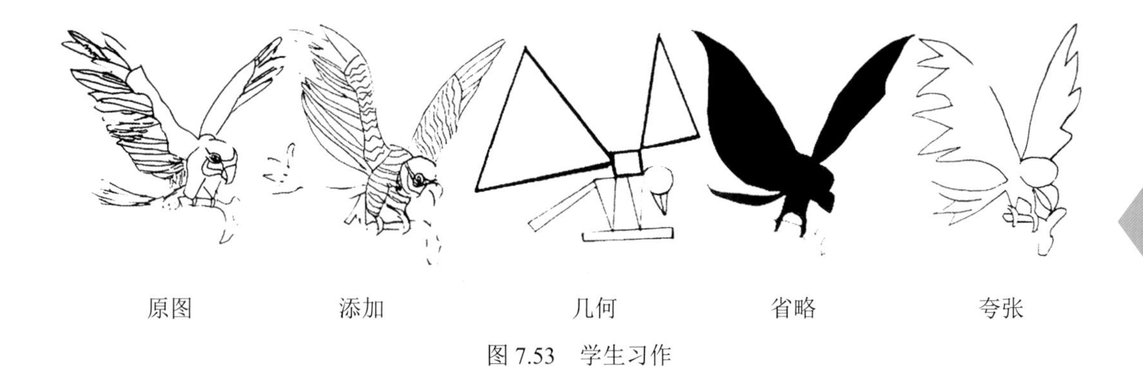

图 7.53　学生习作

图 7.54　学生习作

图 7.55　学生习作

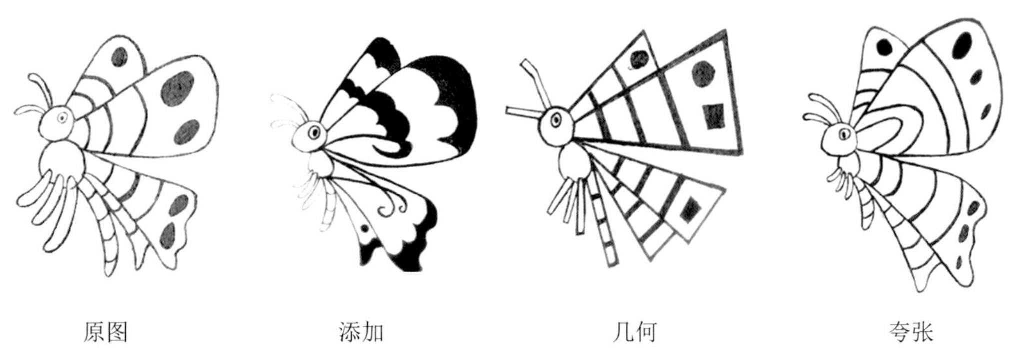

图 7.56　学生习作

图 7.57　学生习作

图 7.58　学生习作

考核要点

该任务做的是“图形加工手法”作业，让学生迅速掌握将自然图案进行加工，进而制作出各种创意图形的方法。在该任务中主要对以下项目进行过程考核：

（1）选择合适的图案作为图形加工的设计素材。

（2）掌握图形加工的方法。

知识链接与能力拓展

1. 案例补充

图形创意大师设计作品欣赏。

图 7.59　福田繁雄：第二届联合国环境与发展大会

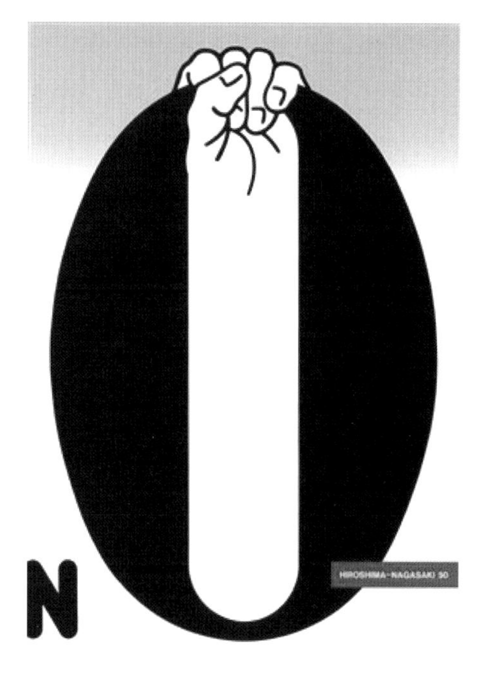

图 7.60　福田繁雄：1995 纪念广岛—长崎 50 周年

图 7.61　田中一光

图 7.62　安迪 • 沃霍尔

图 7.63　霍尔戈 • 马蒂斯

课后研讨

利用头脑风暴法思考、发现生活中图案和图形的众多形态。

学习情境 8　图形的创意思维

学习要点

- 理解设计中的发散思维、收敛思维、联想思维、直觉思维和灵感思维、逆向思维等重要的思维形式。
- 理解各种创意思维的原理，能运用到图形设计中。

任务描述

图形的创意思维即指导图形创作的想法，创意思维具有明确的信息传达目的，可以赋予图形独有的视觉风格和审美体验。创意图形并不一定是天马行空，对于日常生活的观察和领悟都是创意的来源。创意的含义是“具有创造性的意念（观念）”，是寻求新颖、独特的主意或构想。组织一场头脑风暴，讨论思考如何开展图形创意思维并指导图形创作。

相关知识

1. 几种重要的思维形式

（1）发散思维。

发散思维又被称为“求异思维”，是创造性思维的一种主要方式。围绕某个问题，从多角度、多方面寻找解决问题的方法，不是只找一个答案，而是追求答案的数量，答案越多越好，人们可在适合的各种答案中充分表现出思维的创造性成分。发散思维不受现有知识或传统观念的局限，可以朝不同方向、多角度、多层次去思考，具有流畅性、变通性、独特性三个不同层次的特征。

发散思维的主要特点是求异和创新，在问题求解的初级阶段十分重要。比如思考“关于圆的联想”，除了联想到各种圆形物体，如太阳、眼球、扣子、月饼等以外，和睦、美满、团圆等抽象意义也在它的范围之内。对具体形象展开创意发散思维，要综合所有与此有关联的物体和现象，先展开丰富的联想，瞬间搜集各种关联物，然后在形象上、意义上加以表现，从而变成视觉语言，再通过整理变成具有意义的视觉图形。针对具象事物的创意设计，通常可以从形象、材料、角度、性质、特点等不同方面来进行加工创造。对于抽象符号、概念符号也是如此。面对一个没有形象的事物，每个人要学会用视觉语言来表达。

发散思维不受已经确定的方式、方法、规则、范围等约束，并从这种扩散或者辐射式的思考中，求得多种不同的解决方法，衍生出不同的结果。发散思维包括联想、想象、侧向思维等非逻辑思维形式。一般认为“发散思维的过程并不是在定好的轨道中产生的，而是依据所获得的最低限度的信息，因此是具有创造性的”。

图 8.1　反家庭暴力系列海报

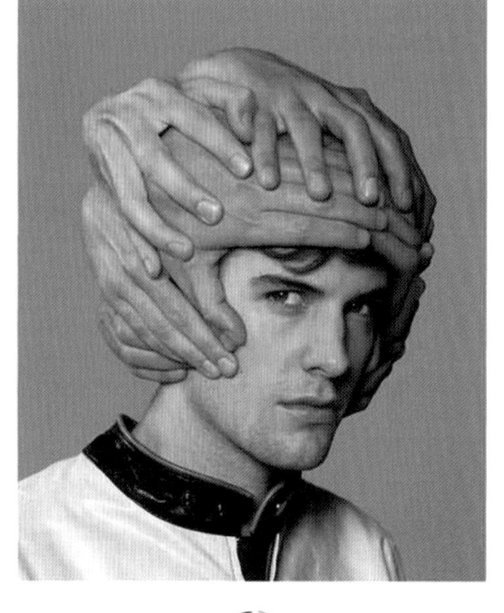

图 8.2　BYE 头盔

（2）收敛思维。

收敛思维是在解决问题过程中，尽可能利用已有的知识和经验，把众多的信息逐步引导到富有条理化的逻辑程序中去，以便最终得到一个合乎逻辑规范的结论的思维形式。收敛思维包括了分析、综合、归纳、演绎、推理、科学抽象等各种逻辑思维和理论思维的运用。发散思维与收敛思维一般具有互补的性质，不仅在思维方向上互补，而且在思维操作上的性质上也互补。

美国创造学者 M.J. 科顿形象地阐述了发散思维与收敛思维必须在时间上分开应用，即分阶段的道理。如果它们混在一起，将会大大降低思维的效率。发散思维与收敛思维在思维方向上的互补和在思维过程上的互补，是创造性解决问题所必需的。发散性思维向四面八方发散，收敛思维向一个方向聚集。在解决问题的早期，发散思维起到更主要的作用；在解决问题的后期，收敛思维则扮演着越来越重要的角色。法国遗传学家 F. 雅各布说:“创造就是从新组合。”比较、类比和分析是一种联动性思维，它可以激发人们的情感，启发人们的智慧，提出独特的设计方案。“发散－收敛－再发散－再收敛”和“感性认识－理性认识－具体实践”都是有序的认知过程，可以引导对相关知识进行比较、类比和分析综合，培养创造能力。

图 8.3　3M 胶带广告

（3）联想思维。

联想思维是把要进行思维的对象和已掌握的知识相联系、相类比，通过与被表现物有关联的物象进行嫁接、转移、联系等，使二者产生联系，从而获得创造性设想的思维方式。联想思维是大脑思维与知识记忆进行混合运算产生的，联想越多，获得突破的可能性就越大。

据说贝聿铭设计的香港中银大厦的建筑造型是由钢架大桥的结构获得的灵感，法国设计师安德鲁设计的中国国家大剧院，其构思由早餐煎蛋的联想灵感启发而来。悉尼歌剧院，北京的鸟巢、水立方，上海的金茂大厦，台湾的 101 大楼等，这些设计无一不是联想智慧的结晶。

图 8.4　戒烟广告（吸烟不仅是自杀，更是谋杀）

图 8.5　戒烟广告（你的美貌，消逝在烟雾里）

图 8.6 戒烟广告

（4）直觉思维和灵感思维。

直觉思维是直接把握社会的本质与规律，是一种不加论证的判断力，是一个包含了灵感、顿悟在内的总和、大的概念。灵感思维是人们借助于直觉启示而对问题有突如其来的领悟的思维形式。它是一种把隐藏在潜意识区的事物信息，以适当形式突然表现出来的创造能力，是创造性思维重要的形式之一。灵感和直觉包含一定的机遇，是能力爆发的结果，两者往往相互联系。设计师要善于抓住稍纵即逝的物象和想法，凭借直觉和经验加以思考和运用。

美国潜艇信号公司的科技人员斯宾塞在能够发射微波能的磁控管前发现裤子里的巧克力融化了，他立即意识到是微波产生了热能，经过实验和一系列的不懈努力，终于制作成了微波炉。英国医学家弗莱明，在实验室里发现培养皿里长了绿霉，起先他以为试验失败，但经过观察却发现绿霉周围的葡萄球菌被消除，联想到小时候母亲用面包上的绿霉给他擦伤口，伤口会加速愈合，他判断绿霉中有杀死细菌的东西，并立刻用实验进行了证实，从而发现了青霉素。牛顿在花园散步时看到苹果落地而发现了万有引力定律。阿基米德在洗澡时，发现澡缸边缘溢出的水的体积跟他自己身体浸泡在水中的体积一样大，从而悟出了著名的阿基米德定律。

历史上许多伟大的发明就是在不经意间在直觉和灵感的驱动下产生的，有心人会抓住这些机遇。灵感具有鲜明的突发性和瞬时性，因此，有经验的设计师都喜欢随身携带纸和笔，随时记录下突发的灵感以及新鲜的感受、想法、内容，以留存备用，为以后的创作提供信息资料。人们发现散步、洗澡、临睡前的冥想等状态容易产生灵感，这些其实是放松身体，大脑集中精力思索的结果。灵感似乎人人都有，但是那些真正善于思考和“别有用心”的人才能使灵感的火花发展为燎原之火。轮胎广告讨论最多的话题就是抓地性，韩泰（Hankook）轮胎这组广告用人肉的方式来吸引眼球，直观明了。

图 8.7　韩泰轮胎广告

图 8.8　韩泰轮胎广告

图 8.9　JohnMullaly 的牙医广告

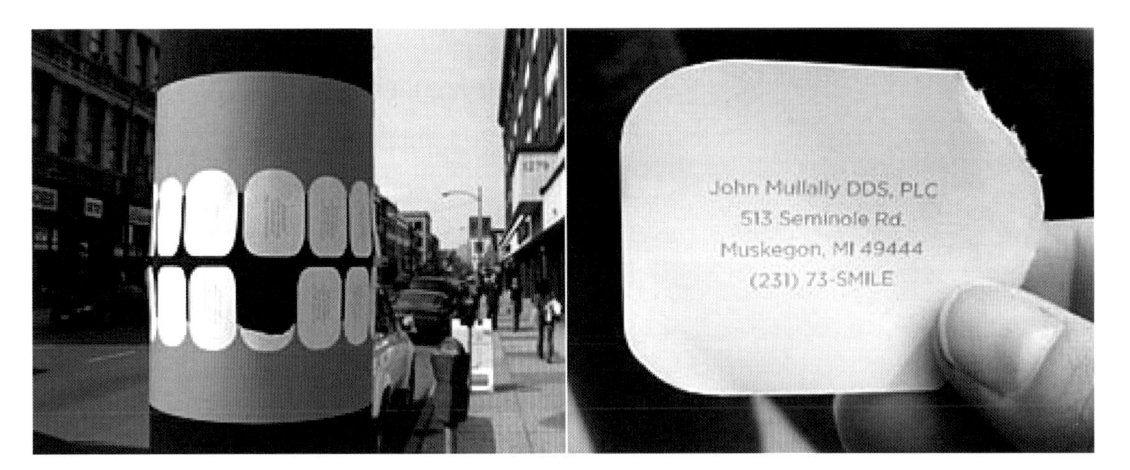

图 8.10　JohnMullaly 的牙医广告

图 8.11　卡车 pop 广告

（5）逆向思维。

逆向思维即把思维方向逆转，用和常人或自己原来想法对立的、反向的思路去寻找解决问题的方法的思维形式。反向思维和逆向构思的目的是更准确地反映艺术主题。当正解不行时，可从逆向求证，而逆向思维一旦能使问题得到解决，其效果甚至好于正解，因为它本身就是一种反常的形式，会给人留下深刻的印象。魔术中的奥妙，往往就是利用人们意想不到的效果进行视觉和心理欺骗。如果我们多利用逆向思维进行分析，也许就会找出一些端倪。艺术亦然，各种方法是相辅相成、对立统一的，善用此道，便会走出新路，创出新意。

在日常生活中，要不断地对创造力进行训练，培养思维的流畅性、灵活性和独创性是提高创造力的三个因素。流畅性是面对刺激能很流畅地作出反应的能力。灵活性是指随机应变的能力。独创性是指对刺激作出不寻常的反应的能力，具有新奇的成分。这三性是建立在广泛的认知之上的。

每个人都是具有创造力的，就看你有没有把潜能开发出来。1979 年，诺贝尔物理学奖获得者、美国科学家格拉肖说：“涉猎多方面的学问可以开阔思路……，对世界或人类社会的事物形象掌握得越多，越有助于抽象思维。”拓展知识面、多动脑筋、开拓思路、善于创新、充满好奇就是最好的加强思维的方法，也是一个优秀的图形设计师所必备的条件。

设计的成功并不能只由创意思维来决定，创意思维只是成功的前提之一，一个作品是设计师各方面素质结合的结果。如何才能让设计作品获得成功？丰富个人阅历、加强知识储备、善于观察事物、寻找独特视点、挖掘深度广度是提高作品质量的前提和保证。图 8.12 所示是动物保护组织招贴，将大象和犀牛与子弹进行肢体转换，强调动物对人类捕杀行为的反击。文案说到：“每年 33000 头大象被枪杀，象牙被用于满足泰国和其他亚洲国家的象牙饰品需求。因为被中国和越南错误地认为存在药用价值，每年 1000 头以上的犀牛被残忍地杀害。请参加 3 月拯救非洲的大象和犀牛的活动。”

2. 创意思维的来源

创意是一种复杂的思维过程。它起源于直觉的有意识的思考，即搜索、接受和重组必要的信息，提出各种可能的方案，伴随着创意思维的孕育阶段，即在有意识或潜意识中进一步思索和酝酿各种信息重新组合的可能性，最后通常由于受到某种因素的启发，以灵感的方式突然出现。下面给出几种创意思维的来源方式。

（1）组合。创意产生的一个主要方法是将旧元素进行新的组合，从而产生新的观念。这种旧元素的组合再创造，或两个不相干的事物的组合再创造，需要通过一个共通点进行有机结合，进而产生新的意义。

（2）文字。文字是意义、概念的载体，语言随着社会进步产生变化，往往产生新的概念。文字的这种变化中蕴藏着无数新的意念、新的创意，因此在图形创意中能产生许多新颖的点子。

图 8.12 动物保护组织招贴——反击

图 8.13 水生命（高桥善丸）

（3）文化。文化是一个复杂的体系，有物质文化和精神文化之分。在现实的传达中，两种文化交织在一起，相互渗透。创意与文化之间有很强的相关性，有厚重的文化积淀作为创造的基础，才会找到更多的创意素材。

（4）传统。中国的传统文化中，充满了寓意和象征。例如传统文化中的吉祥图形，都是通过人们创造的组合变形而赋予图形以丰富的意义。在传统文化中有许多可以为现在的设计应用和借鉴的元素，我们可以从中得到很好的创意。例如中国银行的标志，创意来源于中国古代钱币的造型，这个形象本身就深入人心，由此设计的标志也获得了巨大的成功。

（5）分析。把一整体物体的物象解剖成不同的成分、元素，在分解了的每部分里找到一定的形式和意义，加以运用。一个常见的物象被分解，就打破了常有的看法；改变观察的角度，会发现换个角度看问题更有意义。

（6）综合。把不同的形态元素、不同的概念元素通过一定的形式组合在一个空间里，这样往往可以找到不同寻常的视觉效果，给人耳目一新的感觉。

任务实施

组织一场头脑风暴，小组讨论并实施下列问题，记录、整理同学们的答案，并尝试用实例说明观点：

（1）对自然界的某个具象元素展开联想，进行发散思维训练。

（2）思考如何开展图形创意思维并指导图形创作。

（3）选取两组案例，思考图形设计如何突破思维定式。

考核要点

该学习情境，进行的是有关思维的介绍练习，积极引导学生了解思维与图形生成的关系，在实践中以构成美学为依据，以联想为基础，以想象为动力，把大脑高度思维创造活动的联想与想象的目的过程化，最终整合成新的图形的过程。学生必须是在浏览和学习大量的作品，并且反复练习操作后，才能有良好的设计能力。在学习过程中做到“细心敏锐地观察、积极创造体验、多方面接触各种设计形式”。

学习情境 9　图形热身练习

学习要点

- 理解图形表现与创意作品的评判准则。
- 理解图形构思与图形表现形式、表现手段的相互联系。
- 培养对图形创意的构思能力。

任务描述

热身训练：给出所表达对象的名称，用一种直接、快速、易操作、放松的方式将这个对象以“画”的形式表现出来，快速地表达出对不同对象的直观感受。通过组织观摩及点评，借助于一些有代表性的作品讲解，明确努力方向，达到迅速启动创作状态的目的。

相关知识

图形表现与创意的问题，更多的是研究如何利用图形的形式语言与法则，根据不同的需要作图形上的创造，这种创造反映出设计者对主题的理解，对相关事物的观点、表述与联想，并使这些内容以一种视觉图形的形式表现表达出来。

对于一个好的图形表现与创意作品的评判准则，应包含对一定信息含量的有效传播与体现，也包含视觉上的一些综合审美标准。就这个意义而言，从针对根据需求着眼的审题，到依据选题所确定的图形风格，所创造的图形形态，以及作者所赋予图形的寓意、情趣、生命、思想等诸方面，都取决于并反映出作者的真实认识与设计水平。

就图形本身而言，一个“好”的图形往往应该同时具备两个方面的优势：一是构思，即有想法、有创意；二是表现形式与表现手段。所谓“想法”“创意”，是指创作图形的切入点要有意思或有趣味。同时，图形的表现形式与手段也很重要，应该具有一定的表现力。

任务实施

1．作业要求：3 ～ 4 个不同主题的表现（灯、鱼、水杯）。

要求用自己平时能熟练应用的手法去描绘对象，方法可以是从整体到局部或由局部到整体，目的在于仔细地了解对象的基本特征并进行简单、明了的表现。

2．作业数量：每个主题 8 张小图。

3．作业提示：确定主题后，用画的方式完成。练习可以用随便一点的纸，画得小一点、随意一点、考虑用线、面、肌理，考虑不同的工具、材料、表现手法；也可以不采用“画”的方式，而使用其他的方式。

图 9.1　灯的快题练习（学生习作）

图 9.2　灯的快题练习（学生习作）

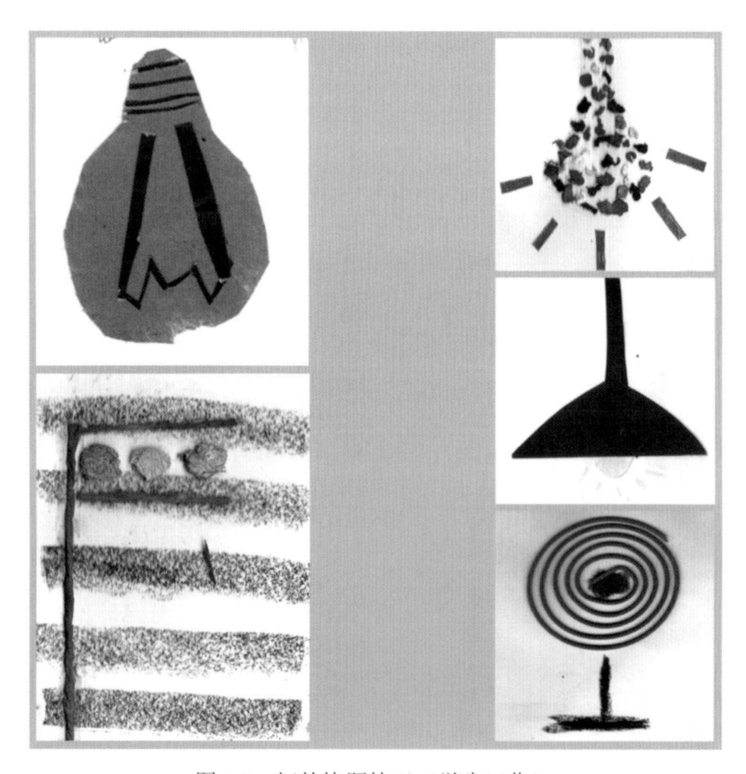

图 9.3　灯的快题练习（学生习作）

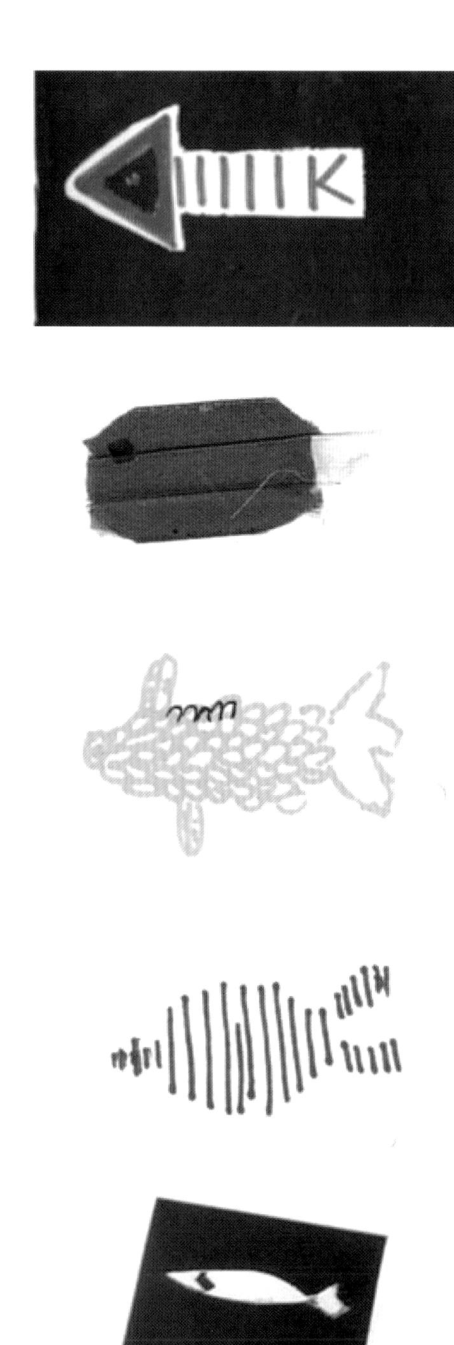

图 9.4 鱼的快题练习（学生习作）

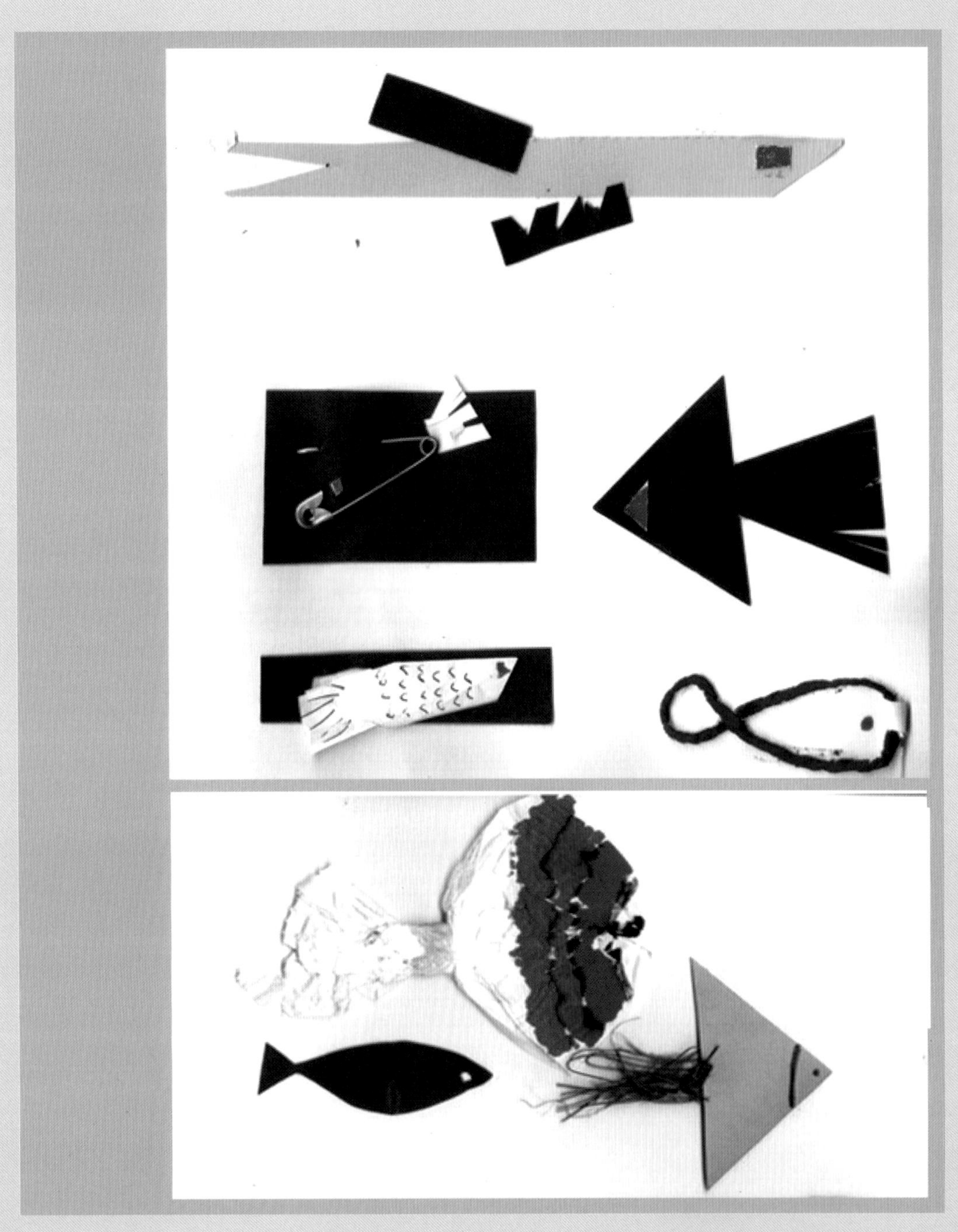

图 9.5　鱼的快题练习（学生习作）

图 9.6　水杯的快题练习（学生习作）

图 9.7　水杯的快题练习（学生习作）

考核要点

该学习情境，做的是“快题”作业，起到“热身”的作用，促使学生迅速进入“图形状态”，积极引导学生在一种“放松”的气氛中达到教学目的。在该学习情境中主要对以下项目进行过程考核：

（1）抓住对象的基本特征并进行简单、明了的表现。

（2）考虑多种材质及其组合来表现主题，体会不同工具所产生的不同效果。

（3）积极引导学生学会用“图形的语言”去进行个性化的图形表现。

学习情境 10 人体的启示

学习要点

- 理解图形表现与创意作品的评判准则。
- 理解图形构思与图形表现形式、表现手段的相互联系。
- 培养对图形创意的构思能力。

任务描述

以人作为表现对象，从不同的资料中进行选择、取舍，收集 9 个不同的人体局部，要求注意构图关系，图形具有一定的视觉形式。

相关知识

图形表现与创意的问题，更多的是研究如何利用图形的形式语言与法则，根据不同的需要作图形上的创造，这种创造反映出设计者对主题的理解，对相关事物的观点、表述与联想，并使这些内容以一种视觉图形的形式表现表达出来。

所谓构图，是对画面组织结构的一种决策。各种元素在画面中必须相互关联而形成一种能够将人的目光吸引过来的和谐布局。而设计中的构图，是设计师对设计方案的一种策划和布局。其过程就是从混乱和随意中找到"条理"。"条理"有利于阅读，有条理的设计被认为是好的设计。设计师进行构图设计的主要目的就是设置视觉流程、形成视觉认识，努力使画面清楚易懂。这些目标必须通过和谐的排版，有效地利用图画和空间空白来完成，使画面信息尽可能多地被受众理解和吸收。

构图的基本要素可以被分解为点、线和形状，黑、白、灰以及深浅不同的各种色彩的布局。构图是否新颖独特，选择角度的好坏将直接影响到画面的构成、审美、力度等。

构图的选择建立在对形态的理解和审美的把握上，通过对位置、空间、面积、图底、数量、大小变化的把握，充分发挥图形语言的可塑性。

任务实施

作业可以分为两个步骤：一是简单的剪贴、收集；二是自由创作。这两个练习可以是一种互补，也可以独立操作，请根据具体情况决定。

任务一：

1．作业要求：以人作为对象，从不同的资料中进行选择、取舍，收集 9 个不同的人体局部，要求注意构图关系，图形具有一定的视觉形式。

2．作业数量：9 张小图。

3．作业提示：这个练习的优点在于收集与剪贴没有过多的技术性问题，学生在“动手能力”不强的情况下，也较容易迅速地进入状况，完成作业要求，并为下一步练习做好前期准备，作为选择练习，交给学生在课外完成。

任务二：

1．作业要求：以人作为对象进行图形表现，要求具有一定的视觉表现形式。

2．作业数量：9 张小图（组合后张贴在卡纸上）。

3．作业提示：引导学生学会以图形的语言、图形的方式去进行表现，并在作业过程中更好地理解选择与构图的重要性。

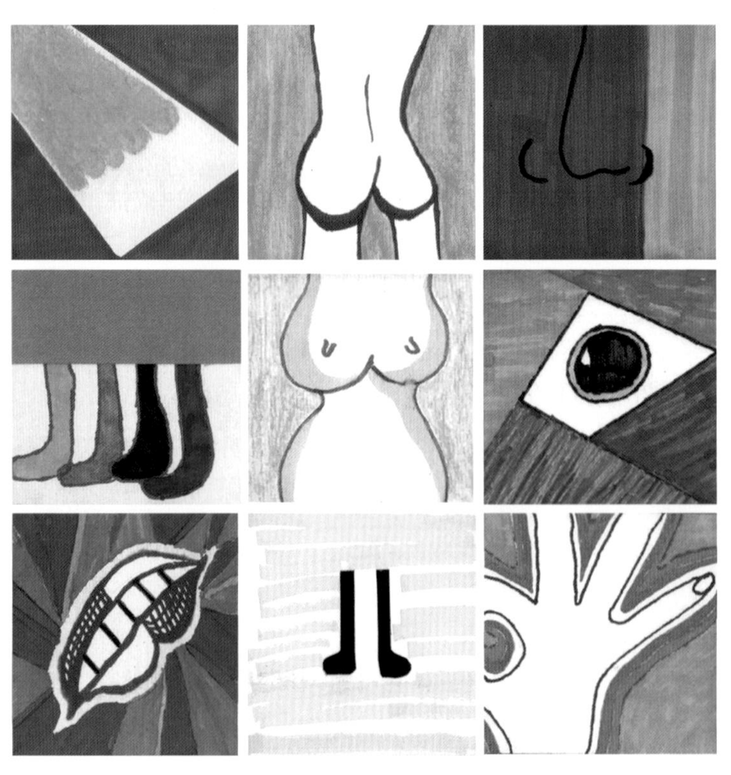

图 10.1　人体的一部分（学生习作）

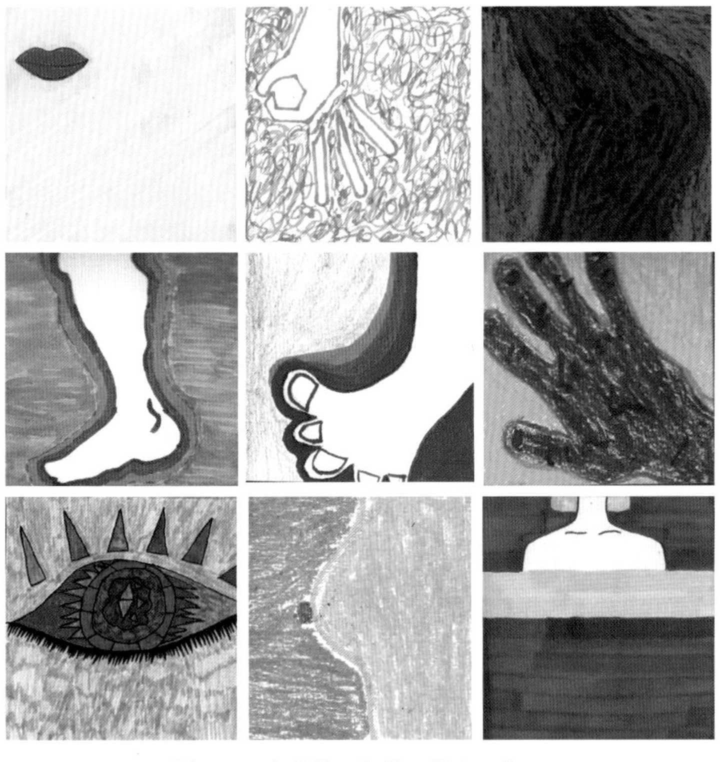

图 10.2　人体的一部分（学生习作 ）

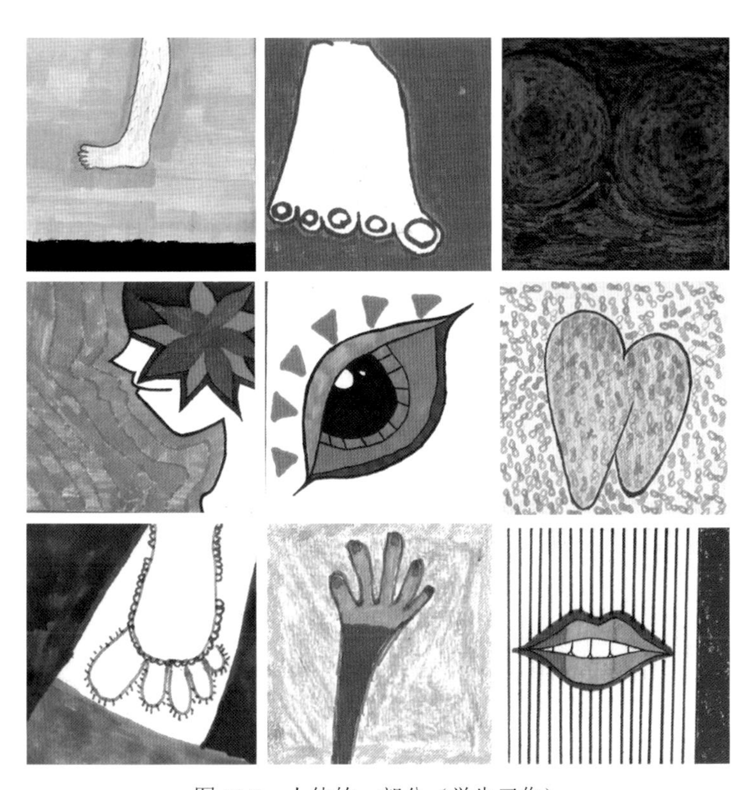

图 10.3　人体的一部分（学生习作）

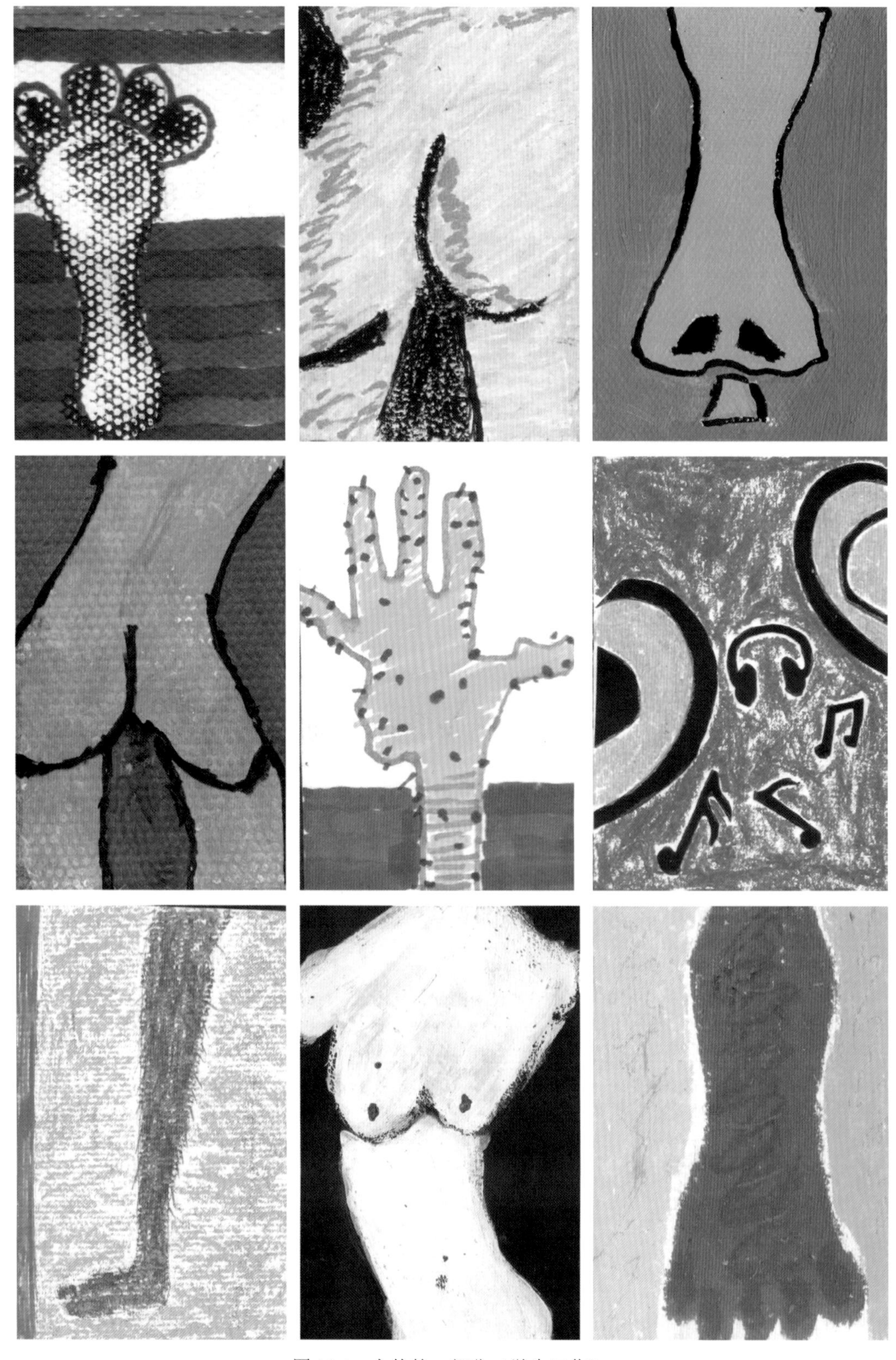

图 10.4　人体的一部分（学生习作）

图 10.5　人体的一部分（学生习作）

考核要点

在该学习情境中主要对以下项目进行过程考核：

（1）抓住对象的基本特征并进行简单、明了的表现。

（2）体会不同工具所产生的不同效果。

（3）引导学生学会以图形的语言、图形的方式去进行主题表现，并在作业过程中更好地理解选择与构图的重要性。

学习情境 11　图片的转换与拓展

学习要点

- 理解图形表现与创意作品的评判准则。
- 理解图形构思与图形表现形式、表现手段的相互联系。
- 理解形式美感设计规律在图形中的应用。
- 培养对图形创意的构思能力。

任务描述

按照“由浅入深”的教学原则，以“现成图片”作为基本元素，并在这个基础上进行“开发”的能力训练。在刚起步学习图形表现与创意的情况下，借助与利用这个现成的图形，对其进行“改变”与创新，既可以训练学生的创造能力，又能够降低一些难度，较为容易地进入训练状态。

相关知识

图形表现与创意的问题，更多的是研究如何利用图形的形式语言与法则，根据不同的需要进行图形上的创造，这种创造反映出设计者对主题的理解，对相关事物的观点、表述与联想，并使这些内容以一种视觉图形的形式表现表达出来。

形式设计美感的规律有对称与均衡、对比与调和、留白与虚实、节奏与韵律、想象与意境等多种。这些规律是形式自身特性的抽象显现，并非形式美，只有这些特性与主体的审美心理相互作用时才存在形式美，符合这些规律的形式才能唤起人们的美感。

1. 对称与均衡

对称与均衡是力与物的综合体现。对称，是一种等量、等形的组合形式，体现出一种稳重端庄的美。均衡，是一种等量却不等形的组合形式，是一种视觉力度所能够达到的平衡。在平面设计中，均衡没有固定的模式，以画面构成的整个印象带给人们以平衡之美，是一种物理上和心理上的平衡。

均衡和对称之间的区别是：均衡与对称是互为联系的两个方面，对称能产生均衡感，而均衡又包括对称的因素在内，是色、声、线的对称。

2. 对比与调和

对比是指把形、质或量反差很大的元素合理地配列在一起，进而造成紧张感，强调出不同元素的个性特点。对比关系主要通过形态的大小、疏密、虚实、现隐、色彩、方向、数量、肌理等方面来达到。调和是和对比相反的概念，在变化中寻求各元素之间的相互协调，在对比的差异中求“同”，形成和谐、统一的美感。调和强调的是事物间的共性因素，注重各元素之间的相互联系，表现出舒适、安定的构成形式。对比强调差异，调和强调统一，适当减弱形、色、质等图案要素间的差距将能取得和谐统一的效果。

对比与调和是相对而言的，若只有对比没有调和，则形态易显得杂乱；而只有调和没有对比，形态就会显得单调而缺少变化。它们是一个不可分割的矛盾统一体，也是取得统一变化的重要手段。

3. 留白与虚实

留白与虚实是存在与延续的完美结合。留白是一种智慧，也是一种境界，以延续的未知渲染出存在的美感与意境。虚实是指由实诱发和开拓的审美想象的空间，虚通过实来实现，实要在虚的统摄下来加工，虚实相生成为意境独特的结构方式。

4. 节奏与韵律

节奏，是画面中同一种元素运动所形成的运动感。韵律，是有规律的节奏经过扩展和变化所产生的流动的美。节奏与韵律本质上是一致的，是一种普遍的自然现象。在形式上，节奏与韵律具有对视觉和听觉强烈的吸引力，节奏与韵律服从于一般的审美形式规律，是内容的形式；在本质上，又具有内在统一性，是形式的内在秩序和结构。

5. 想象与意境

想象是人脑在改造记忆表象的基础上创建新形象的心理过程。在想象中加工改造记忆表象，加入主体的审美情感，可以达到主观追求的形式设计的美感。可以说，想象美是意境美的基础，而意境美又是想象美的升华和深化。艺术境界的创造也是和艺术想象有着直接联系的。

任务实施

1. 作业要求：选择一张图片，将其中的主题图形作为创新开发的基本元素，进行一个系列的图形变体创作，试图讲述不同的图形故事，营造不同的图形氛围。用计算机Photoshop应用软件进行操作。

2. 作业数量：6张（明信片大小）。

3．作业提示：①对基本图形的选择，主题图形以简洁、明确为好；②引导学生学会用图形的语言、图形的方式去营造不同的氛围、制造不同的图形效果，但始终将图形控制在一个整体的系列之中。

4．实施过程

在 Photoshop 应用软件中，打开选中的高清图片，用选择工具、滤镜工具、钢笔工具、路径通道对素材图片进行抠图，根据图片的特点，增加文字、背景及其他装饰性元素，营造不同的氛围，制造不同的图形效果。

图 11.1　图片抠图等处理

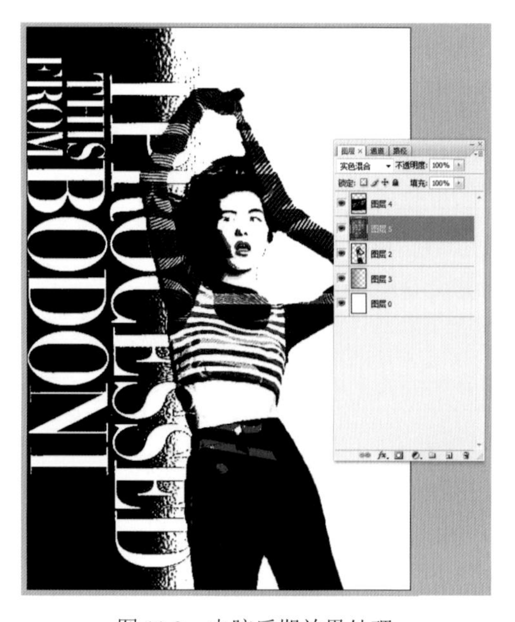

图 11.2　电脑后期效果处理

图 11.3　学生习作（徐珊珊）

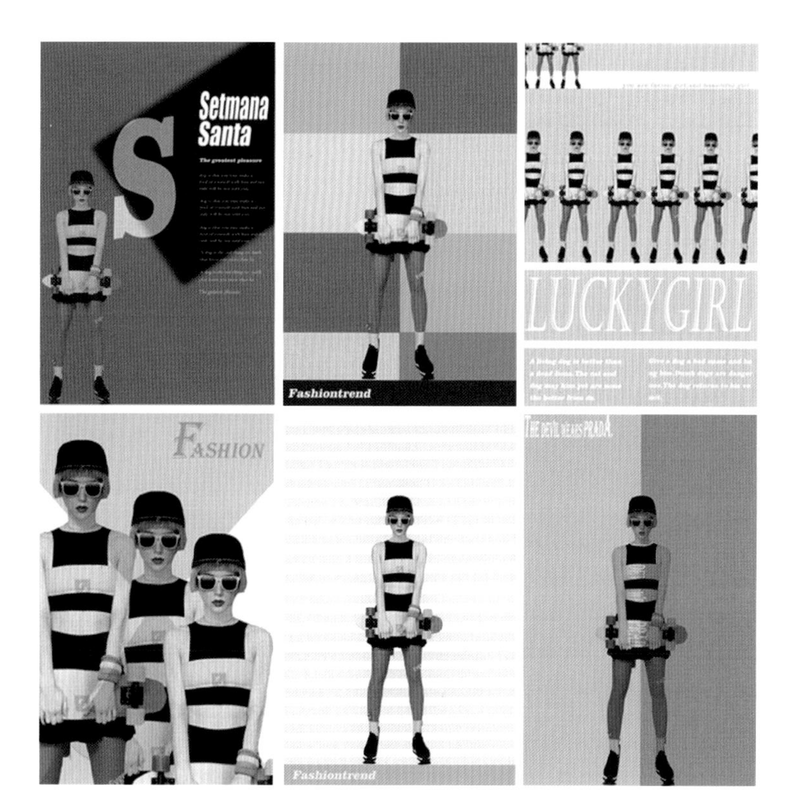

图 11.4　学生习作（刘美呈）

图 11.5　学生习作（冷杰）

图 11.6　学生习作（米忠山）

图 11.7 学生习作（冯燕）

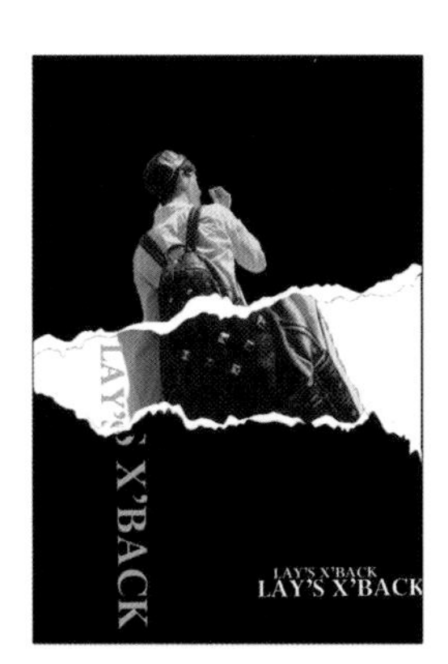

图 11.8 学生习作（晏晶晶）

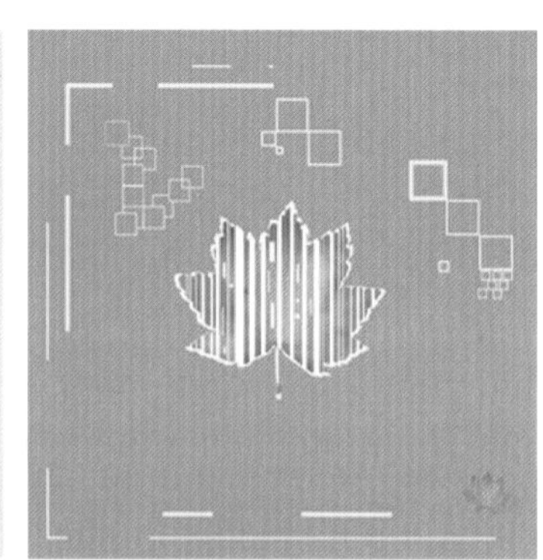

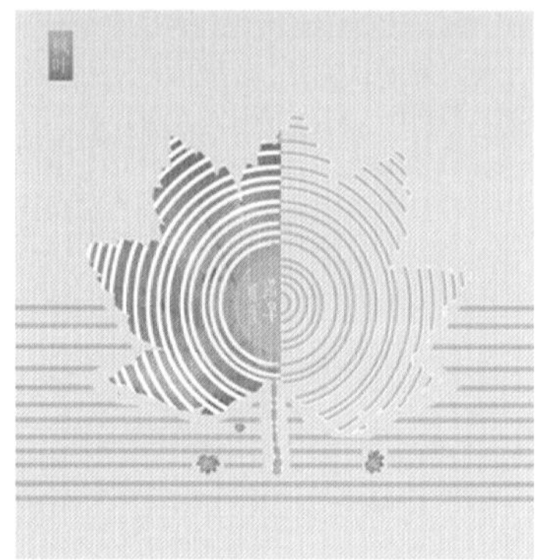

图 11.9　学生习作（王金源）

图 11.10　学生习作（刘鹤翔）

考核要点

该学习情境，让学生选择自己喜欢的现成图形，借助与利用这个现成图形，对其进行“改变”与创新，积极引导学生在一种“放松”的气氛中达到教学目的。在该学习情境中主要对以下项目进行过程考核：

（1）训练学生的创造能力。

（2）引导学生学会用图形的语言、图形的方式去营造不同的氛围，制造不同的图形效果，图形始终控制在一个整体的系列之中。

知识链接与能力拓展

1. 图形创意设计中像素图形处理合成的常见方法

1.1 单张素材拍摄的后期处理

（1）抠取多种类型素材图片的技法。

抠取多种类型素材图片的技法各不相同，色彩单纯的背景和色彩杂乱的背景抠图方法不同，细微毛发的抠图方法和柔化轮廓的抠图方法也不同，用选择工具、滤镜工具、钢笔工具、路径通道能对多种类型的素材图片进行抠图。

1）用选择工具抠图。每幅图都对应着 Photoshop 中的选择工具，有选框工具组、套索工具组和魔棒工具组。每组的每种工具抠图的方法和适合抠图的类型都不相同。

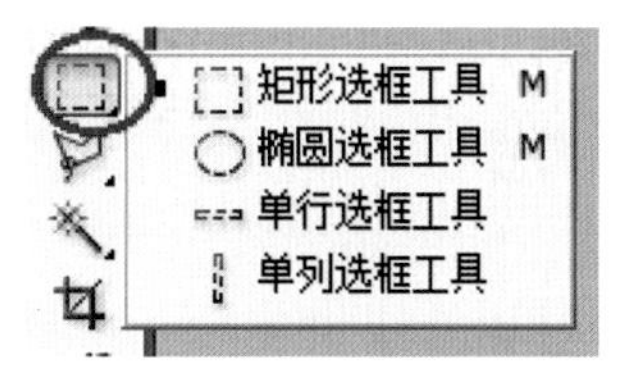

图 11.11 选框工具组

图 11.12 套索工具组

图 11.13 魔棒工具组

规则选框工具包括矩形选框工具、椭圆选框工具、单行选框工具和单列选框工具，其快捷键为 M，使用 Shift+M 可以在矩形选框工具和椭圆选框工具中切换。

套索工具组包括套索工具、多边形套索工具、磁性套索工具，主要用于对图像中不规则部分的选取。它们的快捷键为 L，使用 Shift+L 可以实现三种工具的切换。

套索工具，类似于徒手绘画工具。只需要按住鼠标然后在图形内拖动，鼠标的轨迹就是选择的边界，如果起点和终点不在一个点上，那么 Photoshop 通过直线使之连接。该工具的优点是使用方便、操作简单，缺点是难以控制，所以主要用在精度不高的区域选择上。

多边形套索工具，类似于徒手绘制多边形。操作的时候只需要在工作区域中单击增加一个拐点，需要结束时双击鼠标，或者当鼠标回到起点变成小圆圈时单击鼠标。该工具的优点是选择比较精确，缺点是操作复杂，所以主要用在选择边界为直线、边界复杂的多边形的图案上。

磁性套索工具，类似于一个感应选择工具，它根据要选择的图像边界像素点的颜色来确定选择工具方式。在图像和背景色差别较大的地方，可以直接沿边界拖曳鼠标，套索工具根据颜色差别自动勾勒出选择框。

魔棒工具组包括快速选择工具和魔棒工具。快速选择工具的使用方法是基于画笔模式的。要更改画笔大小，可以使用选项栏中的下拉列表改变，也可以直接使用快捷键 [键或] 键来增大或减小画笔大小，同时可以用 Alt 键减去选区。在应用选区之前，还需要对选区进行更进一步的优化，在选项栏中可以看到有一个调整边缘按钮，单击该按钮会打开一个对话框，在其中可以对所做的选区做精细调整，可以控制选区的半径和对比度，可以羽化选区，也可以通过调节光滑度来去除锯齿状边缘，同时并不会使选区边缘变模糊，以及以较小的数值增大或减小选区大小。在调整这些选项时，可以实时地观察到选区的变化，从而在应用选区之前确定所做的选区是否精确无误。如果觉得选区已经优化得不错，则可以单击 OK 按钮。

魔棒工具可以根据单击点的像素和给出的容差值来确定选择区域的大小，这个选择区域是连续的。在魔棒选择工具面板中有一个非常重要的参数——误差范围，它的取值范围是 0 ～ 255，该参数的值决定了选择的精度，值越大选择的精度越小，反之亦然。

选择菜单中的“色彩范围”命令可以根据取样的颜色更加准确并快速地选择色彩范围，而且还可以对选择的色彩范围进行任意调整。

用选择工具快速抠图一般需要几种工具或者命令的配合，比如选择白色背景的黑色文字或者纹样素材，较低版本的软件可以用魔棒工具选择白色背景，再配合选择菜单选择相似命令，然后用“反选”命令，可以快速地抠取需要的图形；高版本的软件用背景橡皮擦能够很快抠取单纯背景图形。用磁性套索工具抠取物体容易在小细节上出现一些缺失，但调整选区的时候，按住 Shift 键加选和 Alt 键减选能更加快速地使用磁性套索工具。

2）用路径工具抠图。很多时候素材背景色彩杂乱，需要抠取的图形不是规则的几何图形，这就需要用路径工具中的钢笔工具或者形状工具来抠图。

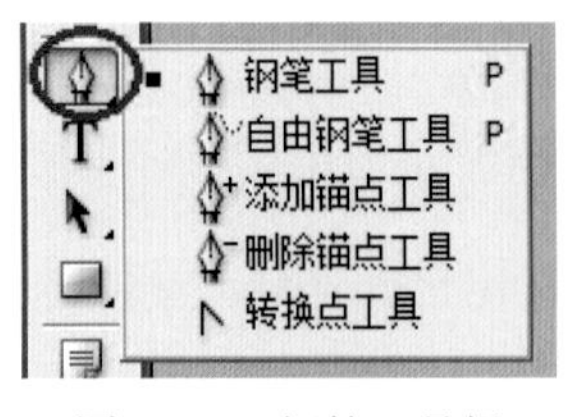

图 11.14 钢笔工具组

图 11.15 “路径”面板

图 11.16 形状工具组

用钢笔工具勾画路径配合功能键能大大提高工作效率，按住 Ctrl 键转换为路径选择工具可以调整路径的锚点和手柄，按住 Alt 键可以变成转换点工具跳出调整路径的手柄，按住空格键能变成拖手工具移动视图。同时按住 Shift 键还能强制路径勾画的角度。

图 11.17 钢笔工具勾画路径

3）用抽出滤镜抠图。抽出滤镜是 Photoshop 里的一个滤镜，作用是抠图。抽出滤镜的功能强大，使用灵活，容易掌握，如果使用得好，抠出的效果会非常好。抽出滤镜可以抠取复杂背景中的散乱发丝，也可以抠取透明物体和婚纱。

4）用通道抠图。用于抠图的通道包括颜色通道、Alpha 通道和专色通道。其中 Alpha 通道用黑到白中间的 8 位灰度存储选区，可以用 Alpha 通道中的黑白对比来制作所需要的选区（Alpha 通道中白色是选择区域），可以通过调整图像的暗调、中间调和高光的级别来校正色彩范围和色彩平衡。

5）快速蒙版抠图。快速蒙版模式可以将任何选区作为蒙版进行编辑，而无需使用“通道”调板，在查看图像时也可如此。将选区作为蒙版来编辑的优点是几乎可以使用任何的 Photoshop 工具或滤镜来修改蒙版。例如，如果用选框工具创建一个矩形选区，可以进入快速蒙版模式并使用画笔扩展或收缩选区，也可以使用滤镜扭曲选区边缘，还可以使用选区工具，因为快速蒙版不是选区。

（2）强化和弱化摄影图片形态的技法。

1）滤镜特效。滤镜主要是用来实现图像的各种特殊效果，它在 Photoshop 中具有非常神奇的作用，所以有的 Photoshop 版本按分类放置在菜单中，使用时只需从菜单中执行该命令即可。滤镜的操作是非常简单的，但是真正用起来却很难恰到好处。模糊滤镜或锐化滤镜能强化摄影图片的重点或者虚化摄影图片的背景。纹理滤镜、扭曲滤镜和多种外挂滤镜能使摄影图片更有视觉中心和艺术性。

2）羽化效果。羽化是针对选区的一项编辑，羽化原理是令选区内外衔接的部分虚化，起到渐变的作用，从而达到自然衔接的效果。羽化值越大，虚化范围越宽，颜色递变得越柔和；羽化值越小，虚化范围越窄。

3）图层混合。在 Photoshop 中图层混合模式是指一个像素与其对应的像素发生作用，像素值发生了改变，从而呈现不同的颜色变化。“正常”模式组涉及图像的不透明变化；“变暗”模式组使图案变暗；“变亮”模式组使图像变亮；“叠加”模式组由变暗与变亮模式组组合而成，所以它的作用是增大图像的反差；“差值”模式组使像素的颜色与原来相反；“色相”组中的模式只选择像素的一个或两个特性参与混合，图层混合模式实际上是一种计算结果。图层混合模式是 Photoshop 最基础同时也是最常见的图像处理功能，它能帮助我们调整照片的色彩与影调，解决画面的局部曝光问题，得到更富冲击力的整体画面，并突出重点景物。

1.2 多张素材图片的合成表现

（1）根据透视原理校正形态。

1）辅助工具校准形态的透视效果。在 Photoshop 中，一般可以通过辅助线或者路径来校准形态的透视。根据形态的透视原理，可以知道直线透视的平行透视，也称一点透视，是一个立方体只要有一个面与画面平行，透视线消失于心点的一种作图方法。直线透视的成角透视，也称两点透视，是指一个立方体任何一个面均不与画面平行（即与画面形成一定角度），但是它垂直于画面底平线。它的透视边线消失在视平线两边的余点上。直线透视的倾斜透视，也称三点透视，是指一个立方体任何一个面都倾斜于画面（即人眼在俯视或仰视立方体时），除了画面上存在左右两个消失点外，上或下还产生一个消失点，因此作出的立方体为三点透视。

要让合成的形态能自然融合，一定要有准确的透视效果，而借助软件的辅助工具能校准形态的透视效果。

2）用变换工具调整形态的透视效果。自由变换工具能自由变换物体的形态，帮助合成图像达到透视效果。按住 Shift 键斜角拖动能等比例缩放物体，按住 Ctrl 键能任意拖动单个变换点达到需要的切变效果。总的来说，按住 Ctrl 键控制自由变化；按住 Shift 控制方向、角度和等比例放大缩小；按住 Alt 键控制中心对称。同时还有任意旋转和设定角度的选择翻转功能。在“编辑”菜单的变换命令中能找到自由变换工具，快捷键是 Ctrl+T，同时“编辑”菜单的变换命令还有变形工具，用网格变形使对象达到曲面弯曲和任意弯曲的形态。

（2）形态融合常用的方法。

1）消除多余的不融合部分。在创意图像的合成中，很重要的一个形态优化就是在软件中消除多余的不融合部分。

一般有三种消除多余形态的方法。第一种是直接删除多余部分，用选择工具选择多余的部分删除或者增加蒙版遮挡消除掉多余的形态。用蒙版能自然地融合衔接两个素材拼合的视觉效果。第二种是涂抹去掉多余部分，用涂抹工具或者修复工具对多余的形态进行涂抹，去掉多余的部分。对素材中人物脸部的替换，换上去的人物脸部难免和图像原来人物的脸部对不齐，从背景向人物多余的脸部用涂抹工具涂抹，能很快消除原素材中多余的形态。第三种是复制遮挡多余部分，复制背景或者图形其他部分来遮挡多余的部分，比如复制背景遮挡掉多余的叶子，复制苹果的左边来遮挡苹果右边的阴影。选择复制的图像适当地使用羽化，复制遮挡多余的形态能达到天衣无缝的效果。另外复制图像局部用蒙版进行拼接能将手的姿势从倾斜角度改为笔直角度，来遮挡调和图形中的多余部分。

图 11.18　变换工具调整形态的透视

2）修复缺失的不完整部分。在合成图形中常会遇到素材图像有缺失的情况，一般可以采取两种方法来修复缺失的图像：第一种是涂抹修复缺失部分，用涂抹工具或者修复工具来修复缺失的部分；第二种方法是复制修复缺失部分，用选区勾出适当的图像复制粘贴后修补素材中不完整的图像，比如在合成图像时，人物需要有完整的胸花，而原素材上只有局部的胸花，这时可以复制右半边胸花到左半边，拼合出完整的下半部胸花，再复制下半部胸花到上半部，最后拼合出完整的胸花素材。

2. 图形创意设计中匹配与调和像素图形处理合成的方法

2.1 调整单张素材拍摄图片的色调

（1）调整整体色调。

1）“图像”菜单的颜色调整命令。在“调整”菜单中包括多个颜色调整命令，通过这些命令可以调整图像明暗关系以及整体色调。

第一类色调调整命令是对简单颜色的调整，有些颜色调整命令不需要复杂的参数设置，也可以更改图像颜色。例如“去色”“反相”“阈值”命令等。“去色”命令是将彩色图像转换为灰色图像，但图像的颜色模式保持不变。

图 11.19　彩色图像去色效果

如图 11.20 所示“阈值”命令是将灰度或者彩色图像转换为高对比度的黑白图像，其效果可以用来制作漫画或刻板画。

“反相”命令是用来反转图像中的颜色，在对图像进行反相时，通道中每个像素的亮度值都会转换为 256 级颜色值刻度上的相反的值。例如值为 255 时，正片图像中的像素会被转化为0,值为5的像素会被转化为250。效果类似于普通彩色胶卷冲印后的底片效果。“色调均化”命令是按照灰度重新分布亮度，将图像中最亮的部分提升为白色，最暗部分降低为黑色。“色调分离”命令可以指定图像中每个通道的色调及亮度值的数目，然后将像素映射为最接近的匹配级别。

图 11.20　彩色图像阈值效果

第二类是明暗关系调整命令。对色调灰暗、层次不分明的图像，可以使用针对色调、明暗关系的命令进行调整，增强图像色彩层次。

如图 11.21 所示，“亮度 / 对比度”命令可以直观地调整图像的明暗程度，还可以通过调整图像亮部区域与暗部区域之间的比例来调节图像的层次感。

图 11.21　亮度 / 对比度调整界面

如图 11.22 所示，“阴影 / 高光”命令能够使照片内的阴影区域变亮或者变暗，常用于校正照片内因光线过暗而形成的暗部区域，也可校正因过于接近光源而产生的发白焦点。“阴影 / 高光”命令不是简单地使图像变亮或者变暗，而是基于阴影或高光的周围像素（局部相邻像素）增亮或者变暗。正因为如此，阴影和高光都有各自的控制选项。当启用“显示其他选项”复选项后，对话框中的选项发生变化。

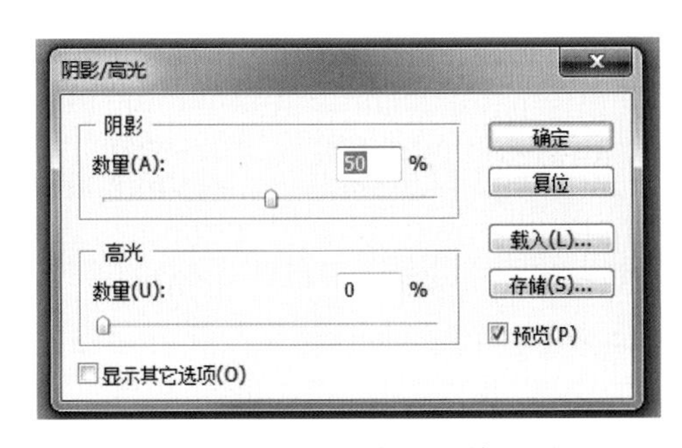

图 11.22　阴影 / 高光调整界面

如图 11.23 所示，“曝光度”命令可以对图像的亮部和暗部进行调整，常用于处理曝光不足的照片。

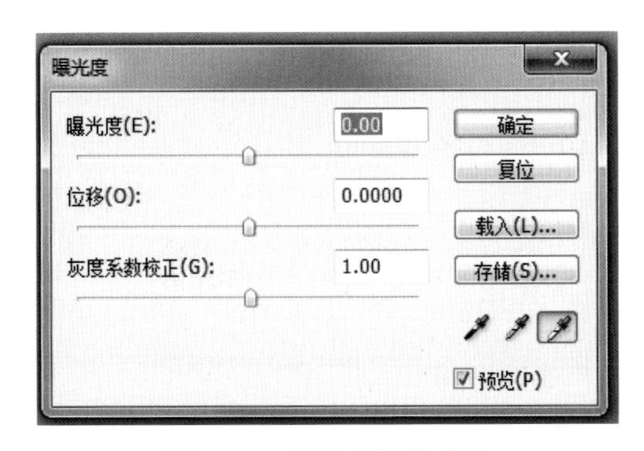

图 11.23　曝光度调整界面

第三类是校正图像色调命令。“色彩平衡”与“可选颜色”命令的作用相似，均可以对图像的色调进行校正。不同之处在于，前者是在明暗色调中增加或者减少某种颜色；后者是在某个元素中增加或者减少颜色含量。“色彩平衡”命令可以改变图像颜色的构成，它是根据在校正颜色时增加基本色，降低相反色的原理设计的。“可选颜色”命令可以校正偏色图像，也可以改变图像颜色，如图 11.24 所示。

图 11.24　校正图像色调效果

第四类是整体色调转换命令。一幅图像虽然具有多种颜色，但总体会有一种倾向，是偏蓝还是偏红，是偏暖还是偏冷等，这种颜色上的倾向就是一幅图像的整体色调。在 Photoshop 中可以轻松改变图像整体色调的命令有“照片滤镜”“渐变映射”“匹配颜色”“变化”等。“照片滤镜”命令是通过模拟相机镜头前滤镜的效果来进行色彩颜色参数调整，该命令还允许选择预设的颜色以便向图像应用色相调整。“渐变映射”命令是将设置好的渐变模式映射到图像中，从而改变图像的整体色调。执行“图像”→“调整”→“渐变映射”命令，弹出相应的对话框，其中“灰度映射所用的渐变”选项默认显示的是前景色与背景色。“匹配颜色”命令可以将一个图像的颜色与另一个图像中的色调相匹配，也可以使同一个文档不同图层之间的色调保持一致。“变化”命令是显示替代物的缩览图，通过单击缩览图的方式直观地调整图像的色彩平衡、对比度和饱和度。

第五类是调整颜色三要素。任何一种色彩都有它特定的明度、色相和纯度，而使用“色相 / 饱和度”和“替换颜色”命令可针对图像颜色的三要素进行调整。“色相 / 饱和度”命令可以调整图像的色彩及色彩的鲜艳程度，还可以调整图像的明暗程度。“色相 / 饱和度”命令具有两个功能：首先能够根据颜色的色相和饱和度来调整图像的颜色，可以将这种调整应用于特定范围的颜色或者对色谱上的所有颜色产生相同的影响；其次是在保留原始图像亮度的同时，应用新的色相和饱和度值给图像着色。

2）“图层”面板的“色彩调整”图层。“图层”面板下的“调整”图层有很多色彩调整命令和“图像”菜单的色彩调整命令功能相似，但是色彩调整图层有更大的灵活性，因为还可以使用图层混合模式进行进一步的调整。对于一般的图片，可以直接使用“图像”菜单中的调整命令操作，对于重要的素材图片，最好养成复制一个副本调整的习惯，防止不小心覆盖原始图片的情况。使用“图像”菜单的调整操作，是直接改变原始数据，而使用“调整”图层如同在一个透明的薄膜上修改，不影响原始数据，如图 11.25 和图 11.26 所示。

图 11.25　图层调整

图 11.26　更改撤销

3）滤镜的艺术调整效果。Photoshop 中的滤镜主要是用来实现图像的各种特殊效果，具有非常神奇的作用。所以有的 Photoshop 版本都按分类放置在菜单中，使用时只需从该菜单中执行命令即可。滤镜的操作是非常简单的，但是真正用起来却很难恰到好处。滤镜通常需要与通道、图层等联合使用，才能取得最佳艺术效果。图形设计需要很丰富的想象力，但是在图形表现时，除了平常的美术功底之外，还需要熟悉滤镜的功能特点和对滤镜运用的操控能力，在最恰当的时候应用滤镜到最适当的位置。这样，才能有的放矢地应用滤镜，塑造有艺术效果的图形设计作品。Photoshop 滤镜基本可以分为三个部分：内阙滤镜、内置滤镜（Photoshop 自带的滤镜）、外挂滤镜（第三方滤镜）。

Photoshop 的内置滤镜分为两类，即破坏性滤镜和校正性滤镜。

破坏性滤镜：大多数都是破坏性滤镜，这些滤镜执行效果非常明显，有时会把图像处理得面目全非，产生无法修复的破坏。破坏性滤镜包括风格化、画笔描边、扭曲、素描、像素化、渲染、艺术效果等。

校正性滤镜：主要对图像进行一些校正与修饰，包括改变图像的焦距，改变图像的颜色深度，柔化、锐化图像等。校正性滤镜包括模糊、锐化、杂色等。

图 11.27 色彩调整

图 11.28 滤镜效果

其他效果则是将原彩色摄影图片置于半调素描图层上方进行图层混合，或者将半调素描图层置于彩色图片下方进行图层混合。同时用滤镜对彩色摄影图片进行不同的处理与变换，能将摄影图片制作成更多有趣的手绘图片效果。

“滤镜”菜单中的很多命令也能对素材图片的色调色彩效果进行调整，最常见的是综合各种滤镜将摄影图片变成手绘的艺术效果。

（2）调整局部色彩。

1）用“调整”图层调整局部。在图片整体调整的基础上，很多时候要对图片的局部色彩进行微调，“图层”面板的“调整”图层就能很方便地进行色彩的局部调整。如果只对直角等局部调整，可以先建立一个选区，建立的色彩调整图层所带蒙版为黑色，用白色在蒙版上涂画需要变色的地方，非常方便。在用画笔编辑蒙版遮挡色彩调整范围时，要注意画笔的使用技巧，不需要保留的部分用百分之百的透明度和流量坚决隐藏，在两种变化交界处，要调大画笔，降低透明度和流量，用画笔边缘轻轻扫过能产生自然的融合效果。

图 11.29　图层调整局部色彩效果

2）调整突出画面视觉亮点。有些图片的局部可以综合运用来增加效果，突出画面的视觉亮点。用画笔工具增加星光效果，用图层样式增加浮雕效果、发光效果，用羽化命令增加暗角或者删除多余画面部分来突出主体，都是突出画面视觉亮点的方法。

图 11.30　调整突出画面视觉亮点效果

2.2 统一多张素材图片合成的色调

（1）调整合成图形的统一色调。

1）提亮或压暗图像常用的工具和方法。在进行素材图像合成时，拼合进来的素材往往不一定和原图有统一的色调，如果不用色调调整工具统一色调，图像之间会产生硬的不自然感觉，要根据参考素材调整色彩明暗。

2）统一色彩三要素常用的工具和方法。统一色彩三要素常用的工具有“色相 / 饱和度”命令、“色彩平衡”命令和“可选颜色”命令等色彩调整命令。一般来说，像人物脸部等色相基本相同的色调调整用“色阶”命令来统一明暗，用“色相 / 饱和度”命令来调整五官的期望色彩效果。如果是对人的肤色和苹果合成这种两者色相相差比较大的色调进行统一，可以先将人物肤色去色，然后用“色彩平衡”命令分高光、阴影和中间调三个部分调整色彩使色相相差很大的素材达到统一的色调效果。

（2）匹配合成图像的真实光影。

1）分析参考素材的光影参数。在图像合成时，很多素材是在不同光影空间拍摄而成的，要使合成真实自然，就要分析参考素材的光影参数，具体包括素材整体明暗度、亮部和暗部的对比度、光源的方向和暗部的位置、阴影的位置、阴影的透视压缩率、阴影受光影响后轮廓的清晰程度、阴影的环境色等。分析好这些参数后，将移入这个空间的素材也调整成统一的光影效果，才能让合成的图像真实自然。

2）综合运用工具调和统一的光影空间。运用色阶、曲线、明度、对比度能控制匹配图片的整体明暗程度和亮部暗部的对比度，运用羽化、自由变化、模糊、单色或渐变填充、透明填充能制作符合空间光源的对应的真实的阴影，同时还可以用加深减淡工具、蒙版等来对阴影做细部的调整。

W
is for Wolf
D
is for Deer
L
is for Lion
S
is for Shark
R
is for Racoon

第四部分 图形应用

学习情境 12　图像几何变形

学习要点

- 培养对图像的几何化处理能力。
- 培养对图形的几何结构抽取能力。
- 锻炼用计算机辅助设计手段进行设计表达的能力。

任务描述

任务一：选择图像作为素材，对其进行分析，进而运用 Photoshop 软件对其进行几何化处理。

任务二：通过任务一得到几何化图形，对其进行几何化结构抽取，提炼出简约图形，具有原始素材特性，具有符号性，最后对其进行图形的应用。

相关知识

在生活中接触到的几何化图像会给我们一种科技感、未来感，而简约的图形让人易于识别、印象深刻，具有象征性、符号性。怎样将图像通过图形创意的手法进行几何化加工处理是本学习情境的重点内容。

本学习情境所用到的图形创意方法步骤层次丰富，先是将图像进行几何化，然后对几何化图形进行层次化和概念化，最后又进行了一次概括化抽取。这些过程其实是让大家理解，在进行创意设计时，素材是可以用多个层级和角度去制作实现的。图形做减法同样是一个很好的手段，不要拘泥于素材本身的形象与质感，通过改变素材的表现形式，可以更有效地注入设计主题。无论使用这些抽取图形的块面还是线框，都可以做出很丰富的设计作品，这些图形有符号感，有象征性，在做主题设计时很容易被贯彻和表达内容。

1. 方法步骤

使用计算机辅助设计软件 Photoshop 进行图形处理。

（1）选择一个图像作为案例素材，这里使用一个鹿头像作为素材，如图 12.1 所示。

图 12.1　素材

（2）打开 Photoshop，新建文档，大小尺寸为 A4，然后将素材文件“素材 1”置入文档中，如图 12.2 所示。

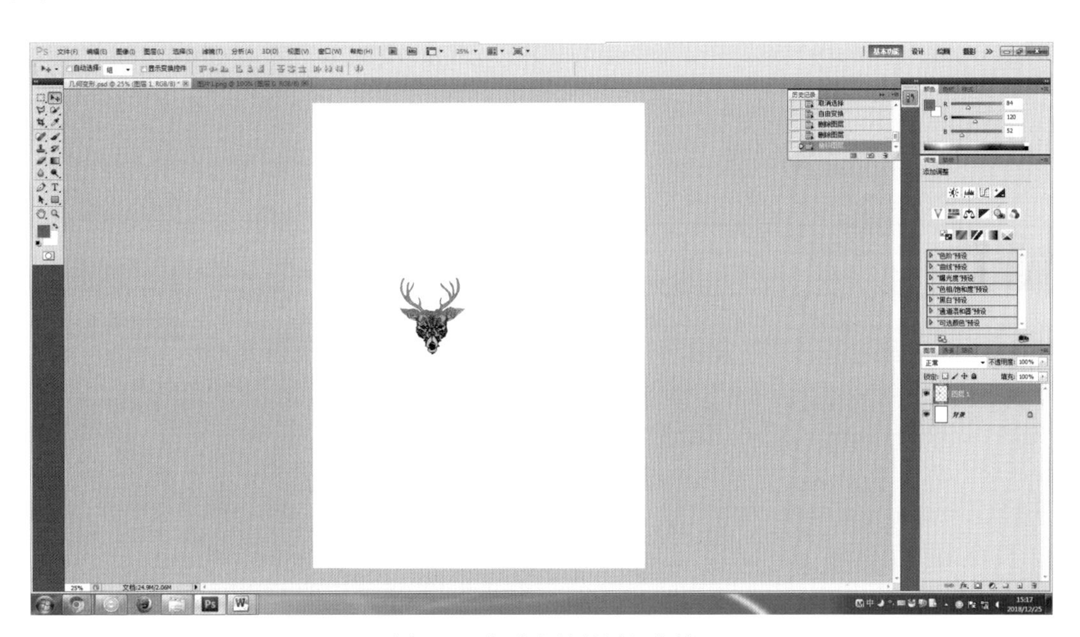

图 12.2　新建文档并置入素材

（3）在选中素材图层的前提下，使用变换对其进行缩放，快捷键为 Ctrl+T，按住 Shift 键等比例缩放，调到合适大小后按 Enter 键完成缩放，效果如图 12.3 所示。

（4）观察图片的结构走向和明暗变化。用多边形套索工具选取几何图形，选取几何图形的时候注意结构。多尝试几次，遵循原图的明暗变化。图 12.4 所示是用多边形套索工具选取的一个选区。

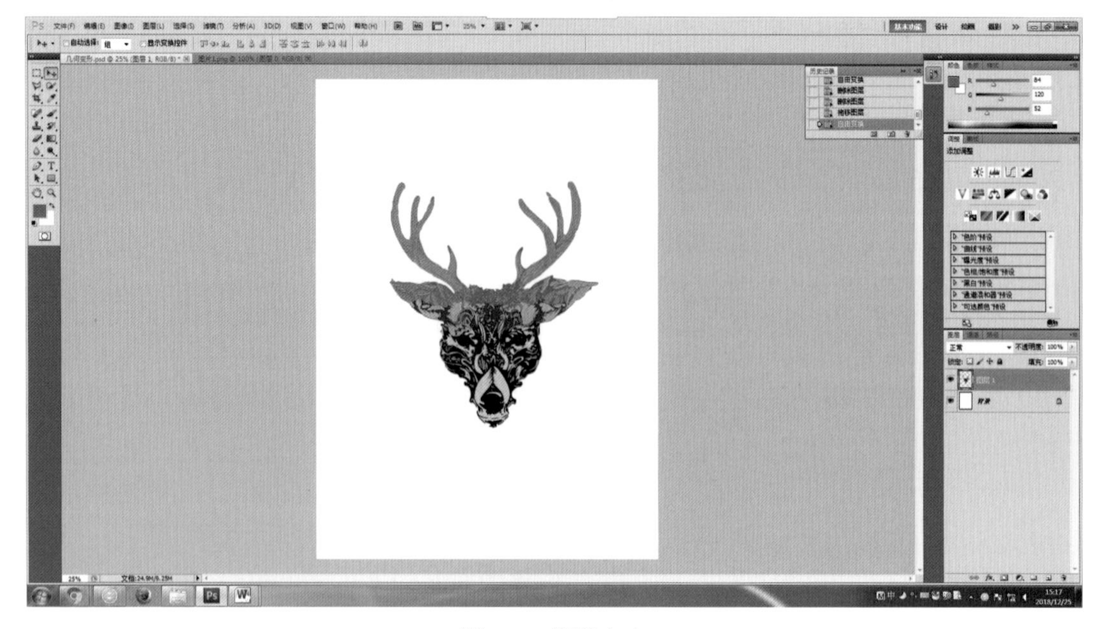

图 12.3　调整大小

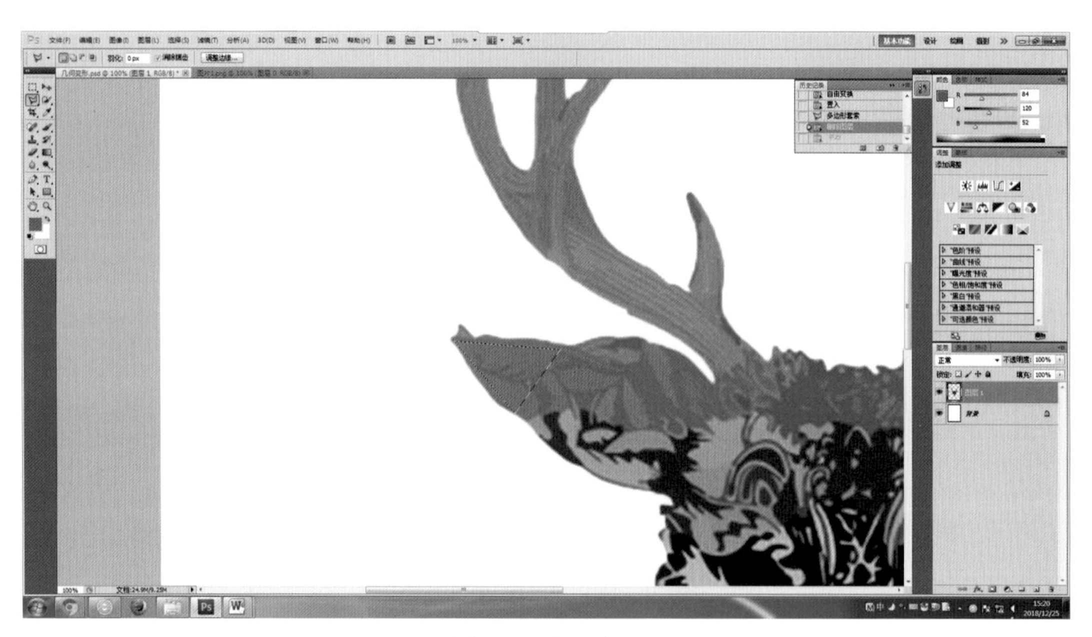

图 12.4　选取选区

（5）执行“滤镜”菜单下“模糊”工具中的“平均模糊”，效果如图 12.5 所示。

（6）按快捷键 Ctrl+D 取消选区。

（7）按照步骤（4）和步骤（6）的方法选取不同的几何块面，再使用“平均模糊”命令（按快捷键 Ctrl+F 即重复上一次滤镜的平均模糊操作）。完成后记得取消选区才能进行后面几何块面的制作。最后完成效果如图 12.6 所示。这个过程其实是把图像相邻像素进行统一填色，再利用几何块面进行切割，这种手段实质上是把图像中的色彩进行概括和简化，同时把图像中的层次也进行了概括和简化。对一幅图片的概括处理会让图片看上去更有人为的参与感，同样也会带来计算机生成的科技感，这让图片更好地被应用在时尚设计中。

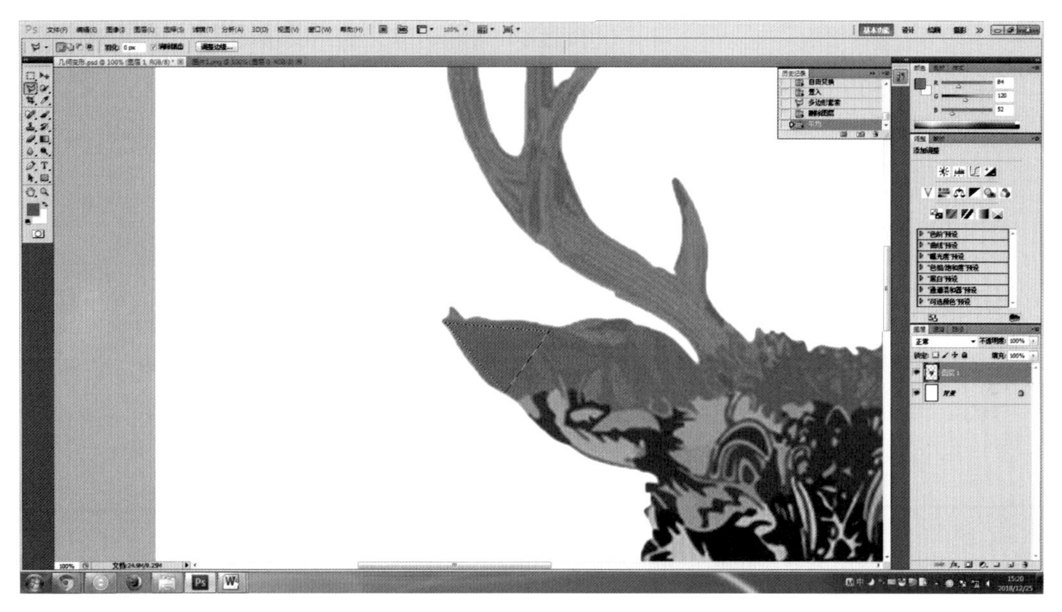

图 12.5　平均模糊

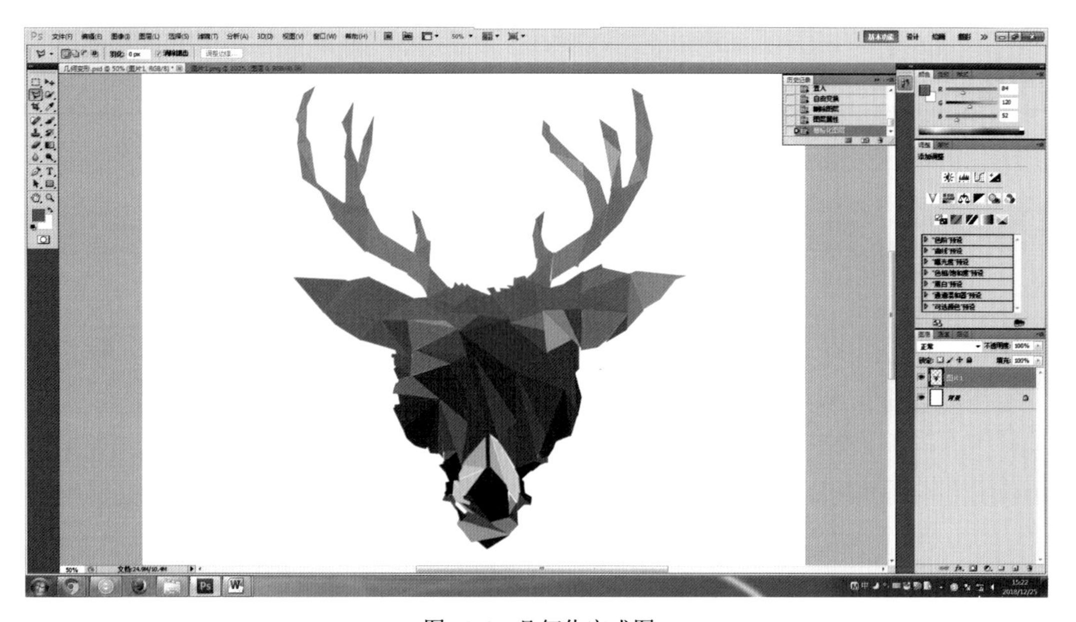

图 12.6　几何化完成图

（8）继续用这种方法进行图形创意的设计。不过，我们所做的概括和简化会力度更大。接下来，我们来尝试一下更有意义的创新方法——几何结构抽取。在完成的几何图形上处理，利用已有的块面效果进行再设计，这次使用的是减法。把几何图形中支撑脸部有效结构的部分保留下来，删除不是五官的部分或者不能代表面部特征的几何结构，用逐步递减的方法。留下来的部分依旧是脸部特征，而且更具有符号性，很当代也很抽象，这就成为更加有效的设计素材，最终效果如图 12.7 所示。

图 12.7　几何结构抽取完成图

（9）无论使用这些抽取图形的块面还是线框，都可以做出很丰富的设计作品，接下来我们对之前得到的几何结构抽取完成图进行应用，效果如图 12.8 所示。

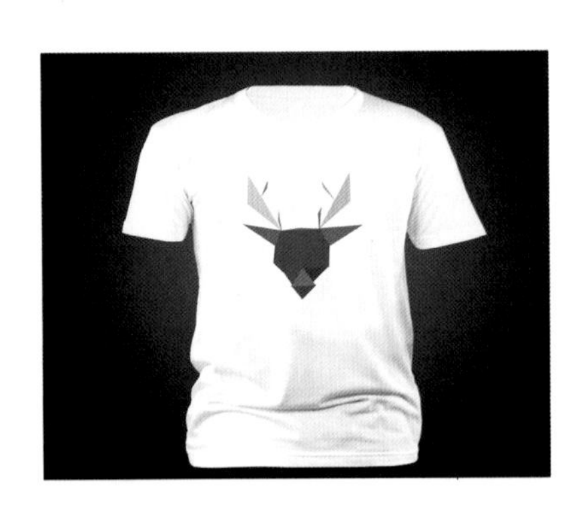

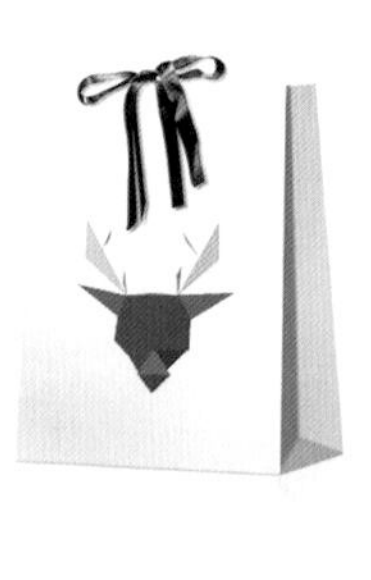

图 12.8　应用效果图

2. 案例参考

图 12.9 所示是设计师 Linn maria Jensen 创作的一组色块拼接的几何化动物头像作品。

图 12.9　Linn maria Jensen 作品

任务实施

任务一：

1．作业要求：选择一幅图像作为设计素材，运用 Photoshop 软件进行图像几何化。

2．制作内容：

（1）对图形进行几何化处理。

（2）针对主题进行电脑制作，包含内容：使用效果图排版 1 张（包含原始素材图片和几何化图形完成图）。

3．制作要求：

（1）电脑制作稿件要求使用 CMYK 模式，分辨率为 300dpi。

（2）电脑制作软件：Photoshop。

4．最后提交物：

（1）打印稿——排版图。

（2）电子档（Photoshop 源文件、JPEG 图片）。

任务一学生作业展示

图 12.10　啄木鸟几何变形练习（学生习作）

图 12.11　狐狸几何变形练习（学生习作）

图 12.12　树几何变形练习（学生习作）

图 12.13　鸟几何变形练习（学生习作）

图 12.14　长颈鹿几何变形练习（学生习作）

图 12.15　人物几何变形练习（学生习作）

图 12.16　动物几何变形练习（学生习作）

图 12.17　狼几何变形练习（学生习作）

图 12.18　猫几何变形练习（学生习作）

图 12.19　狗几何变形练习（学生习作）

图 12.20　鸟几何变形练习（学生习作）

任务二：

1．作业要求：根据任务一完成的图形，对其进行几何结构抽取，运用 Photoshop 软件进行制作，之后对图形进行运用。

2．制作内容：

（1）对任务一完成的图形进行几何结构抽取处理并应用。

（2）针对主题进行电脑制作，包含内容：使用效果图排版 1 张（包含原始素材图片、几何化图形完成图、图形的应用效果）。

3．制作要求：

（1）电脑制作稿件要求使用 CMYK 模式，分辨率为 300dpi。

（2）电脑制作软件：Photoshop。

4．最后提交物：

（1）打印稿——排版图。

（2）电子档（Photoshop 源文件、JPEG 图片）。

任务二学生作业展示

图 12.21　鸟几何结构抽取练习（学生习作）

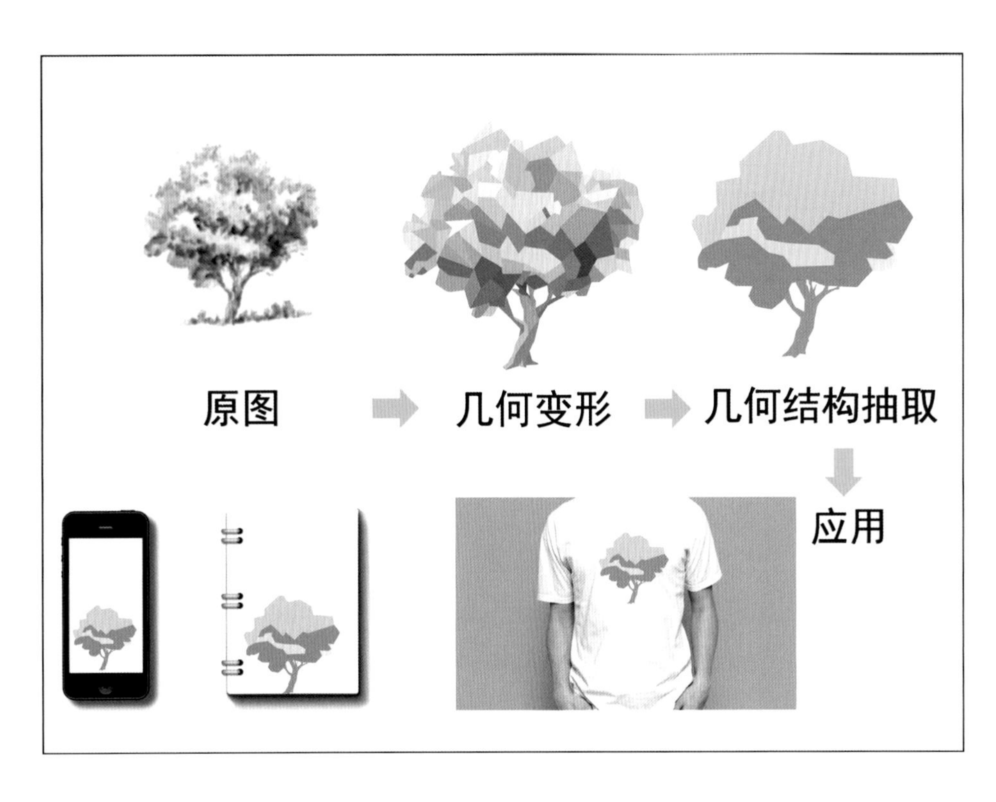

图 12.22　树几何结构抽取练习（学生习作）

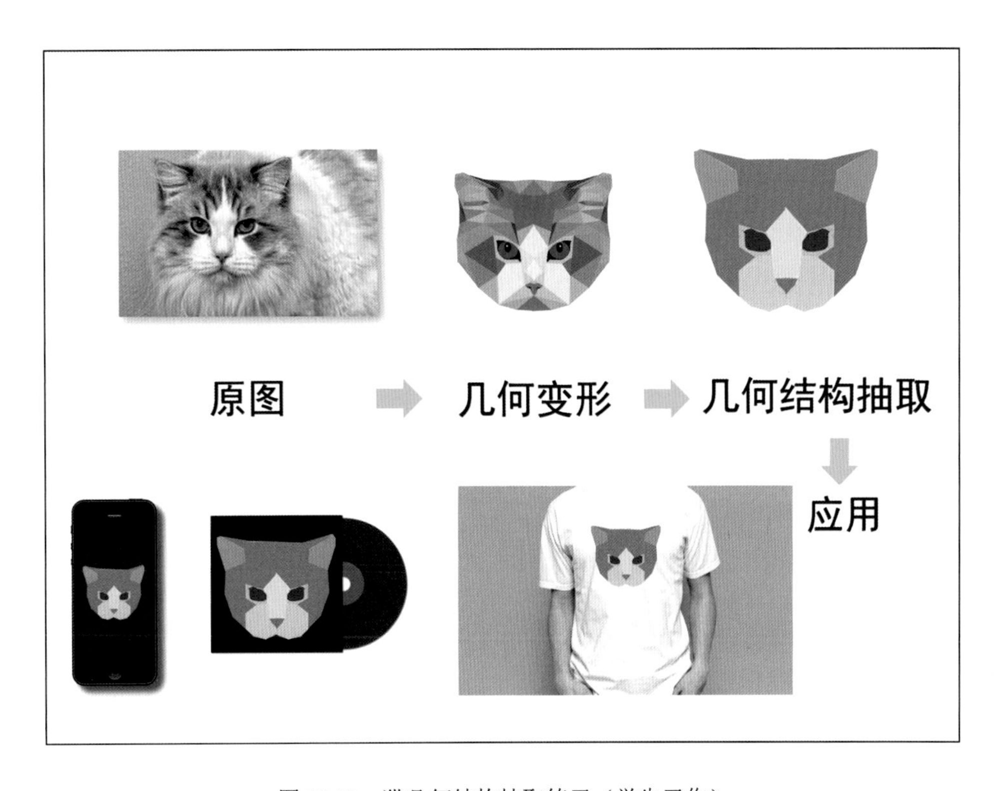

图 12.23　猫几何结构抽取练习（学生习作）

图 12.24　老虎几何结构抽取练习（学生习作）

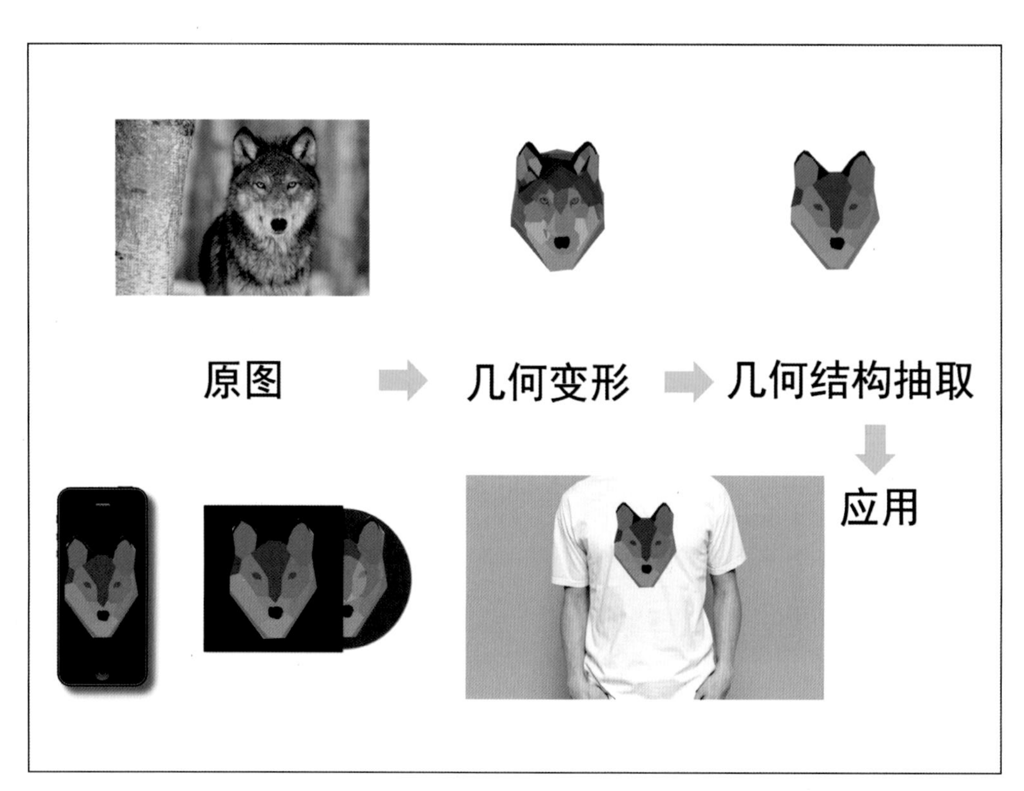

图 12.25　狼几何结构抽取练习（学生习作）

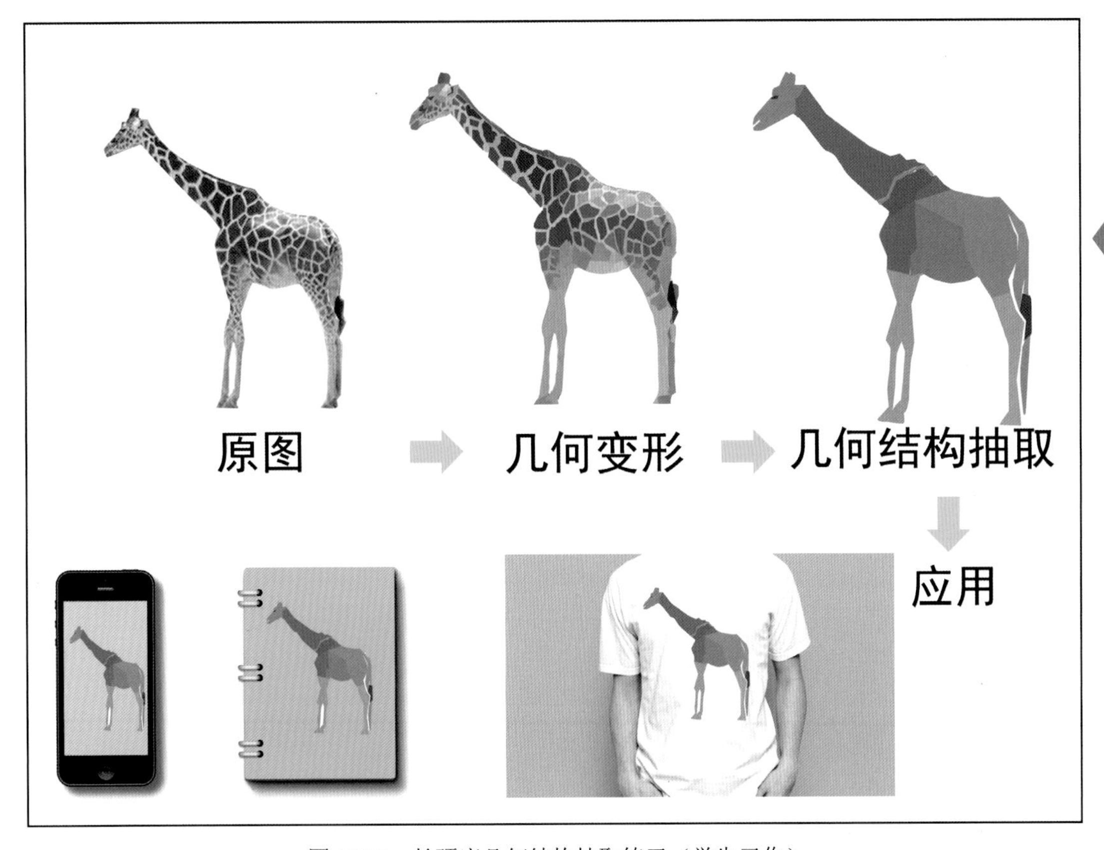

图 12.26 长颈鹿几何结构抽取练习（学生习作）

考核要点

该学习情境，做的是“几何化处理”和“几何结构抽取”作业，促使学生迅速掌握“图形提炼方法”，积极引导学生使用计算机辅助设计手段达到教学目的。在该学习情境中主要对以下项目进行过程考核：

（1）抓住对象的基本特征并进行几何化处理表现。

（2）对几何化图形，抓住其结构特点，进行几何结构抽取。

（3）对几何结构抽取的简化图形进行应用。

知识链接与能力拓展

几何化图形设计作品欣赏，及生活中的几何化、简约图形的应用案例。

图 12.27　动物几何化图形

图 12.28　动物几何化图形

图 12.29　动物几何化图形艺术处理

图 12.30　动物几何化图形艺术处理

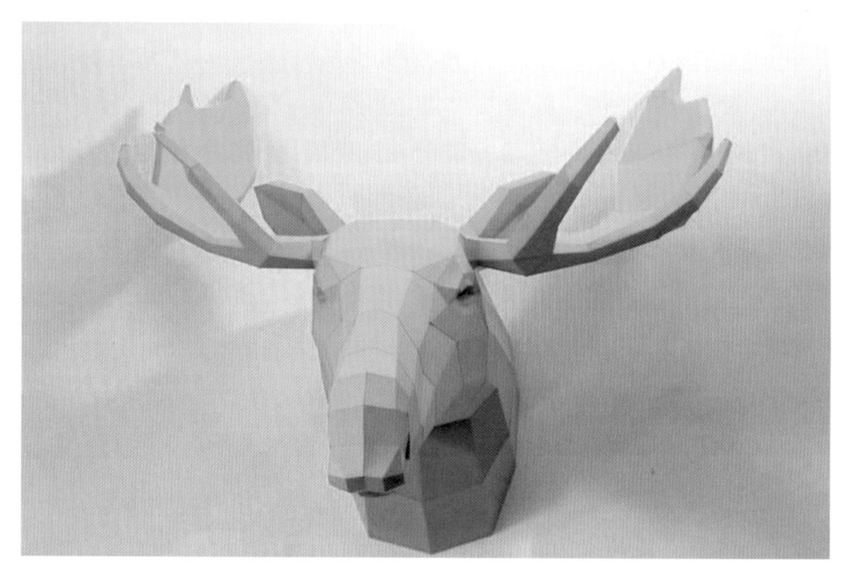

图 12.31　动物几何化立体模型

图 12.32　动物几何化立体图标

图 12.33　几何化图形网页应用

图 12.34　几何化图形应用

图 12.35　几何化图形应用

图 12.36　几何化图形应用

课后研讨

（1）利用头脑风暴法思考、发现生活中几何图形的众多形态。

（2）思考几何图形形态在设计中如何应用。

学习情境 13　点的演绎

学习要点

- 理解好图形的含义。
- 理解图形形态与应用载体、应用效果的关系。
- 培养对图形学以致用的能力。

任务描述

图形的简单运用——点的演绎，思考如何找到合适的应用载体，并做一次图形应用转换的简单尝试。

相关知识

什么样的图形是好的图形？图形的好与坏不仅取决于图形本身的形态与品质，也与图形在应用中的实际情况，如应用载体、应用效果息息相关，引导学生“活学”，搭建从图形基础训练到图形应用的桥梁。

1．点的视觉特征及位置

点的形态是相对的，分为几何形态和自然形态。在几何形态中，有方、圆、三角等形态。不同的形态在视觉上反映不同的特征与个性。如圆点给人以饱和、圆满的印象；方点使人感到坚实、安定、稳重；三角常使人产生一种尖锐感，与圆、方相比，它常带有一定的方向性。而自然形态的点则千变万化。点有自己的特征与情感，点的大小、疏密、方向等不同的组合能展示出不同的节奏与韵律。点是非常灵活的要素，即使很小的点也具有放射力。

（1）当点居于画面中心位置时，最稳定，与画面的空间关系显得和谐。

（2）当点位居画面边缘时，就改变了画面的静态关系，形成了紧张感而造成动势。

（3）画面中有另一个点产生时，便形成了两点之间的视觉张力。人的视线就会在这两个点之间来回流动，形成一种新的视觉要素。

（4）两个点有大小区别时，视觉就会由大的点向小的点流动，潜藏着明显的运动趋势。

（5）画面中有三个点时，视线就在这三个点之间流动，使人产生三角形面的联想。

2. 点的构成方式

（1）相同面积的点有秩序地按照一定方向进行“等间隔、规律间隔”的排列，给人留下一种由点的移动而产生线化的视觉感受。

（2）相同面积（大小）的点无秩序的构成。

（3）不同面积、疏密的混合排列使之成为一种散点式的构成形式。

（4）由大到小的点按照一定的轨迹、方向进行变化，产生一种优美的韵律感。

（5）点的面化。点的移动产生线，许多点的聚集又形成面的效果；另外，由于点的大小或配置上的疏密，会给面带来起伏的层次感。

任务实施

1. 作业要求：图形的简单运用——点的演绎，思考如何找到合适的应用载体，并做一次图形应用转换的简单尝试。

2. 作业数量：一组系列作品，设计 12 个点的基本型，并应用到 3 个不同的载体。

3. 作业提示：这一步的练习更多的是一种“适应性”练习。

4. 实施过程：在 Photoshop、Illustrator、CorelDRAW 应用软件中实施。

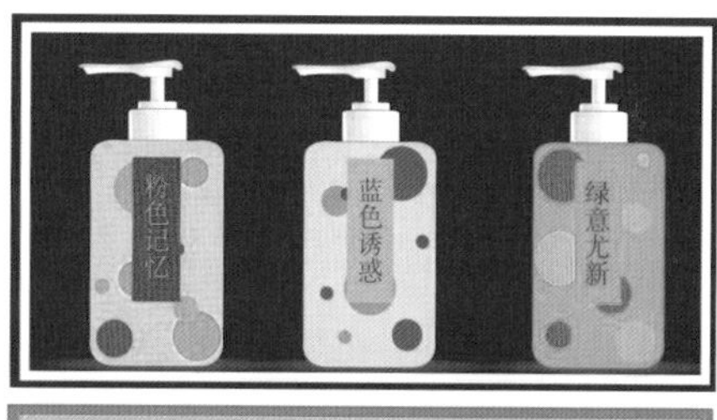

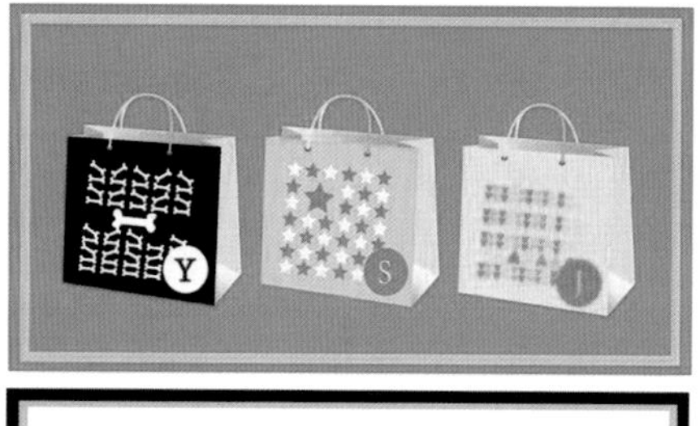

图 13.1　学生习作（游吉）

图 13.2　点的基本型设计（游吉）

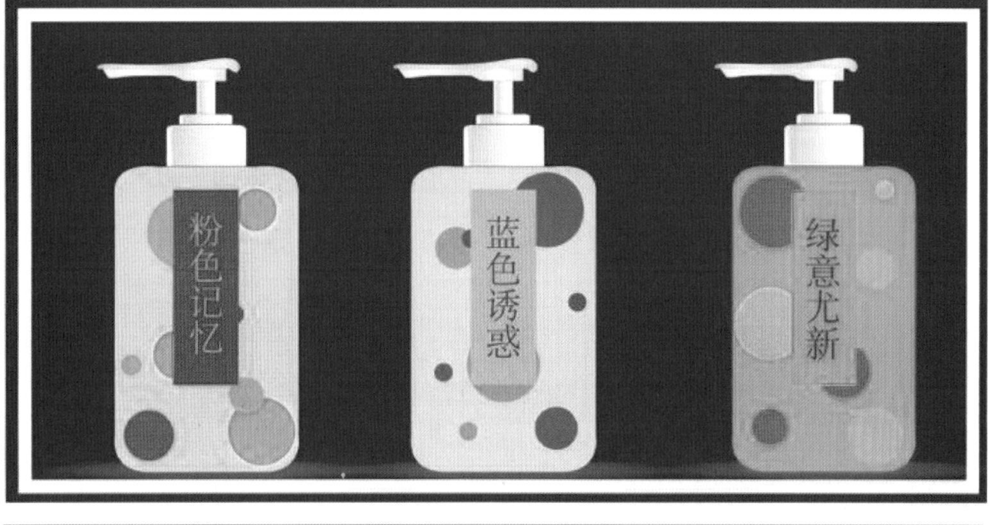

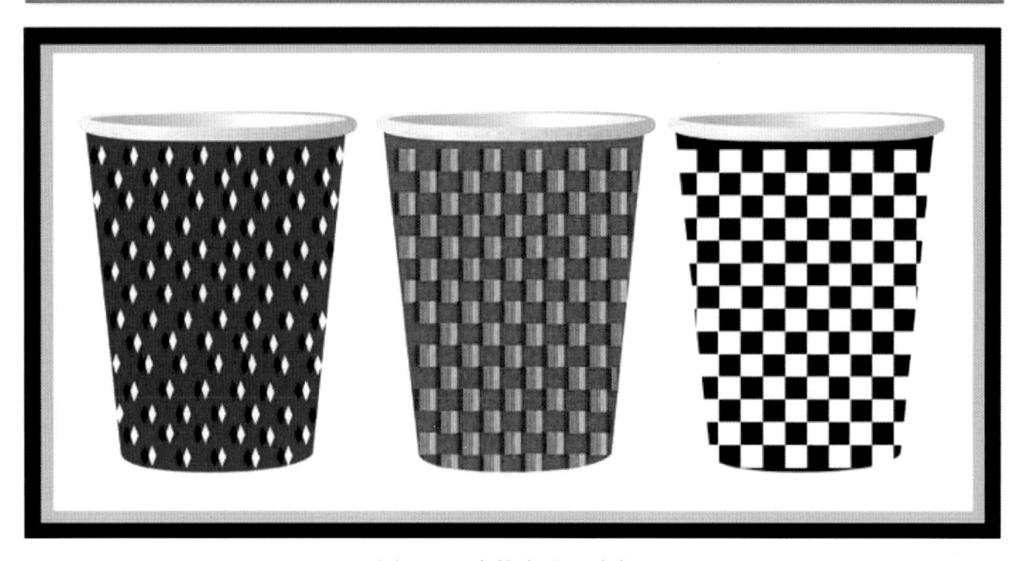

图 13.3　点的应用（游吉）

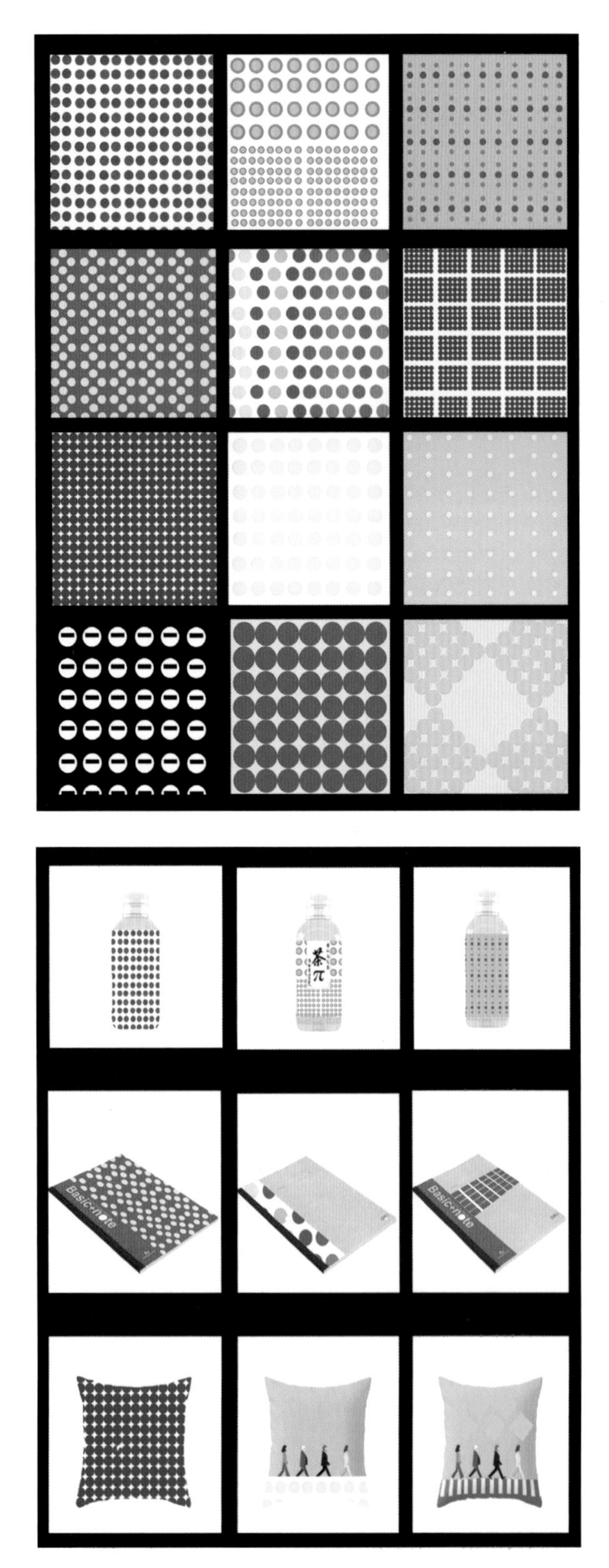

图 13.4　学生习作（李春贤）

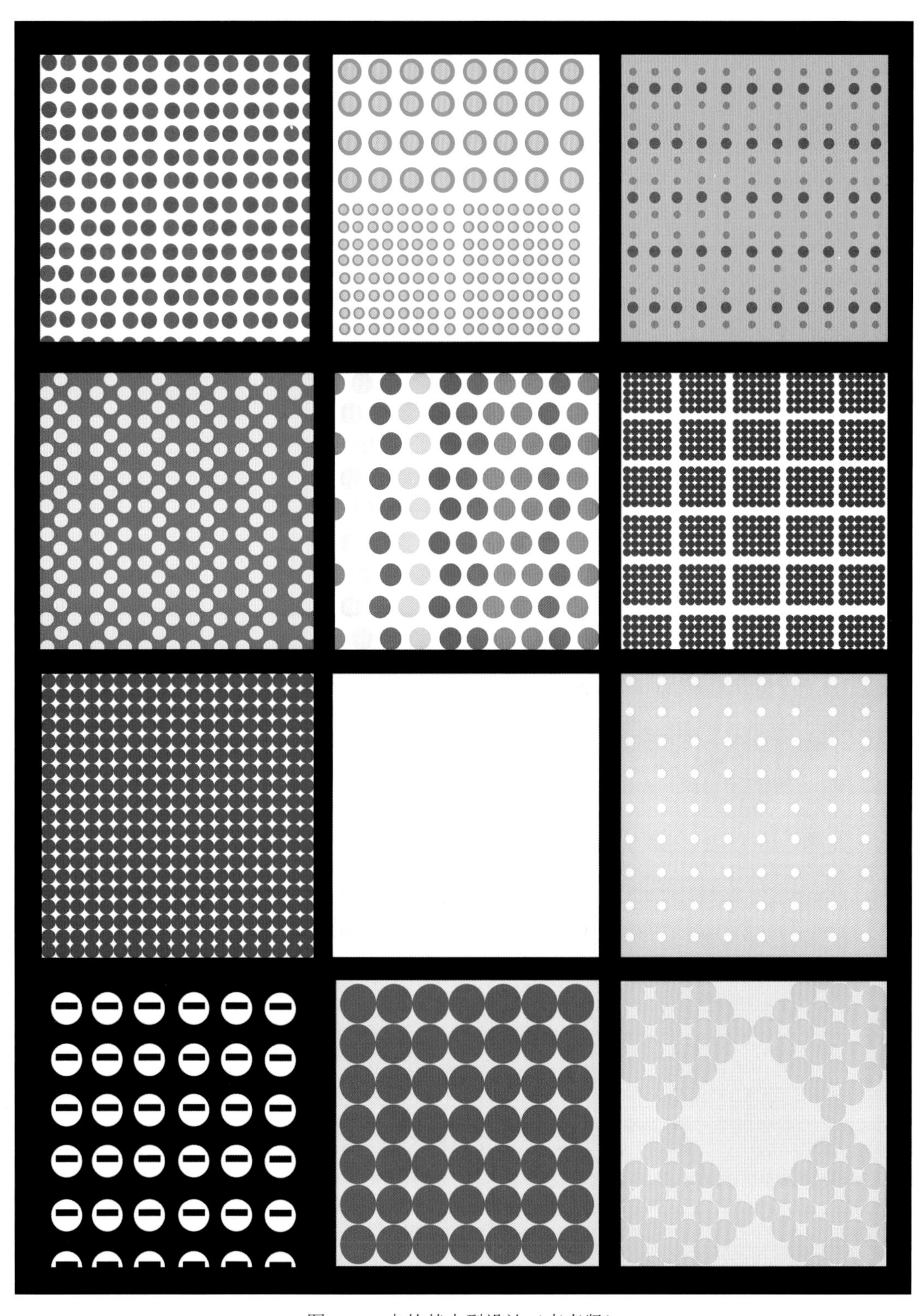

图 13.5　点的基本型设计（李春贤）

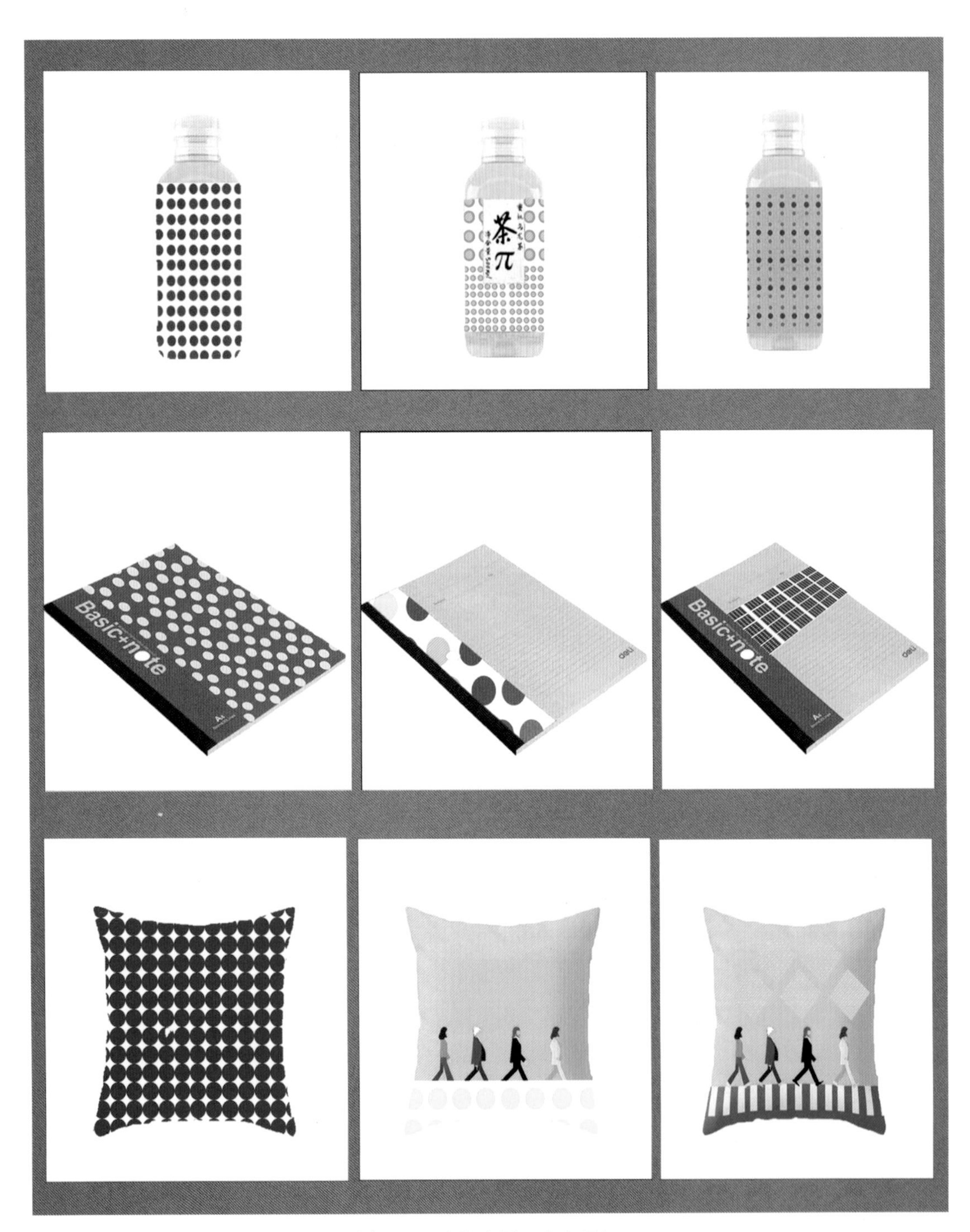

图 13.6　点的应用（李春贤）

图 13.7　学生习作（晏晶晶）

图 13.8 点的基本型设计（晏晶晶）

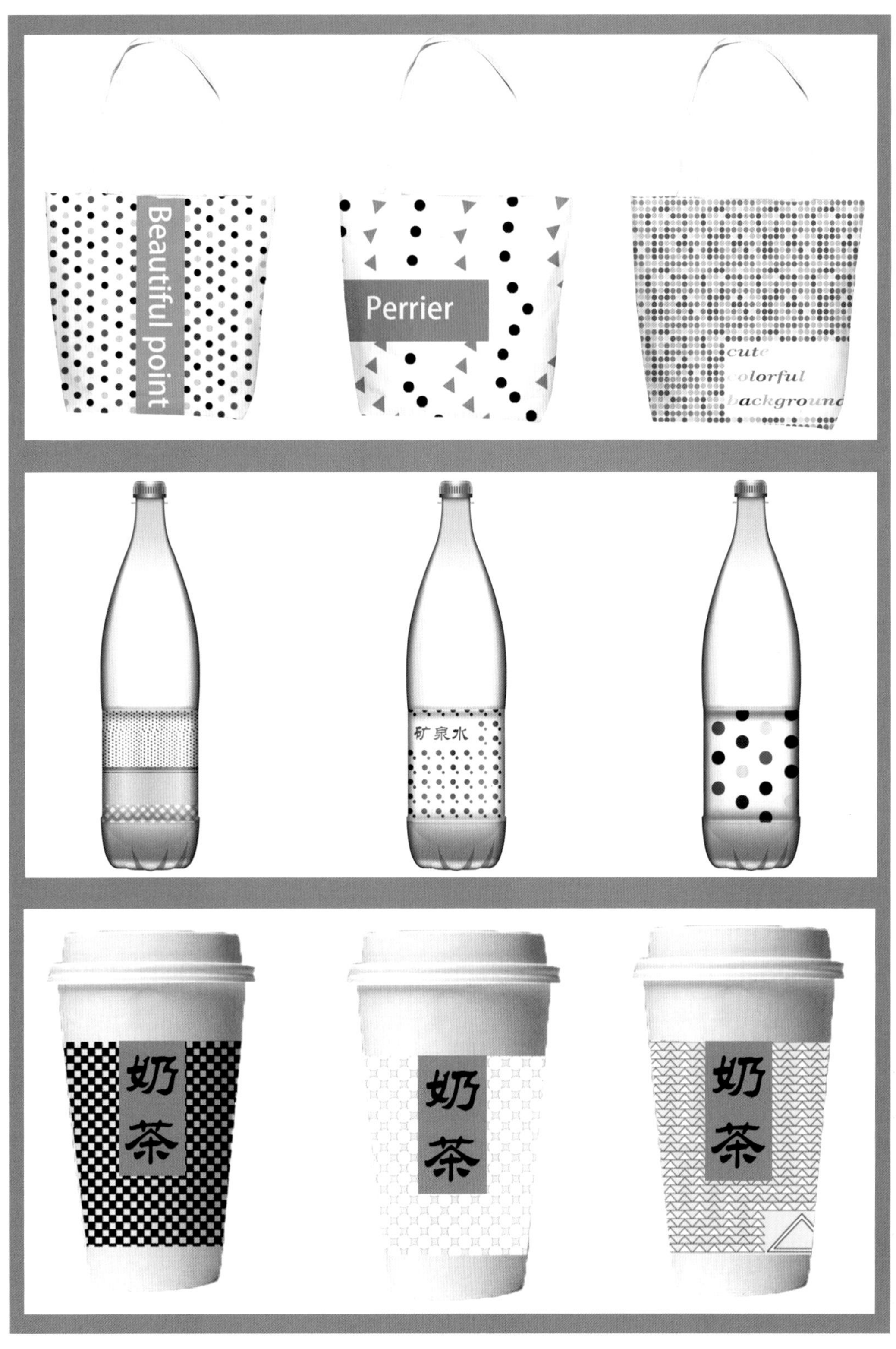

图 13.9　点的应用（晏晶晶）

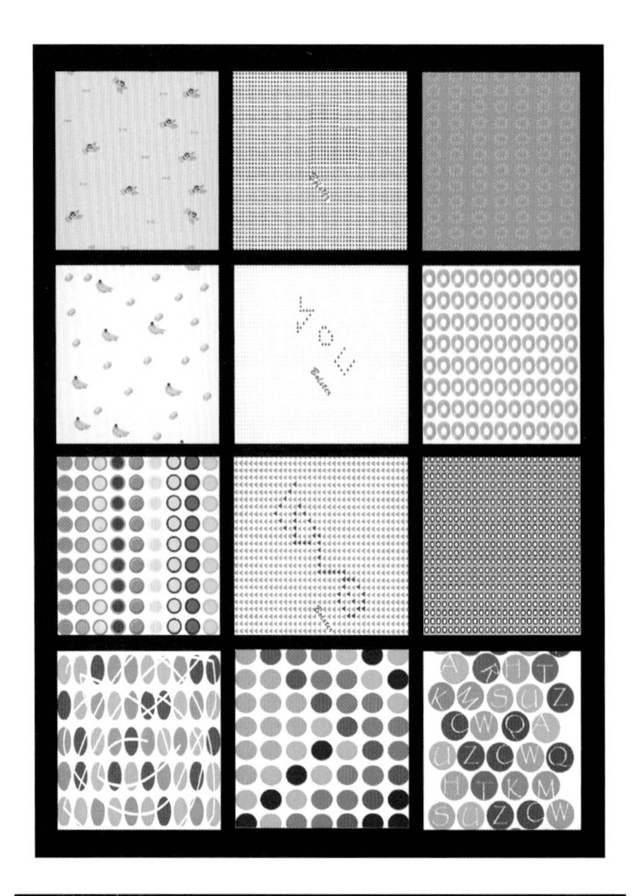

图 13.10　学生习作（冷杰）

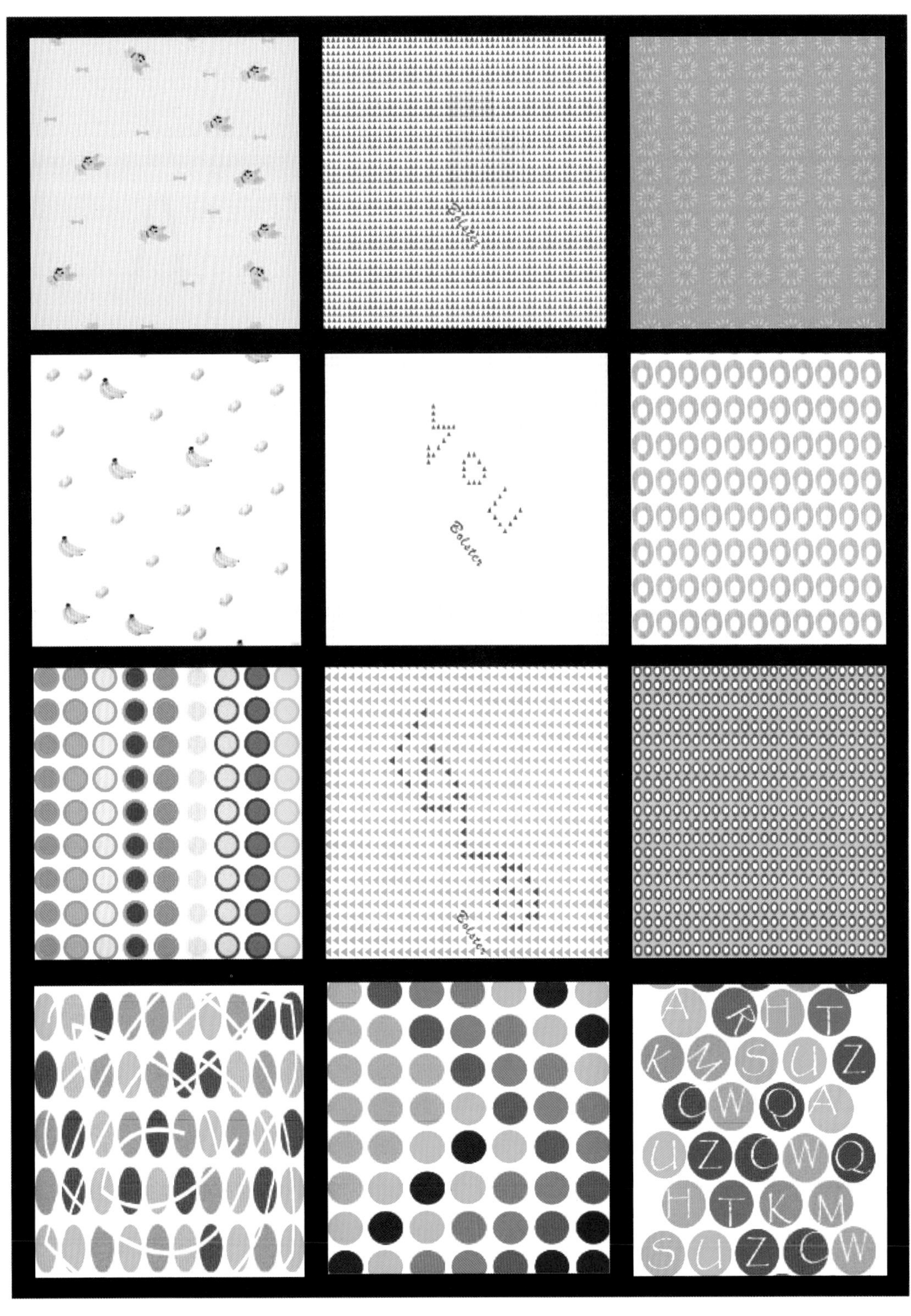

图 13.11　点的基本型设计（冷杰）

图 13.12　点的应用（冷杰）

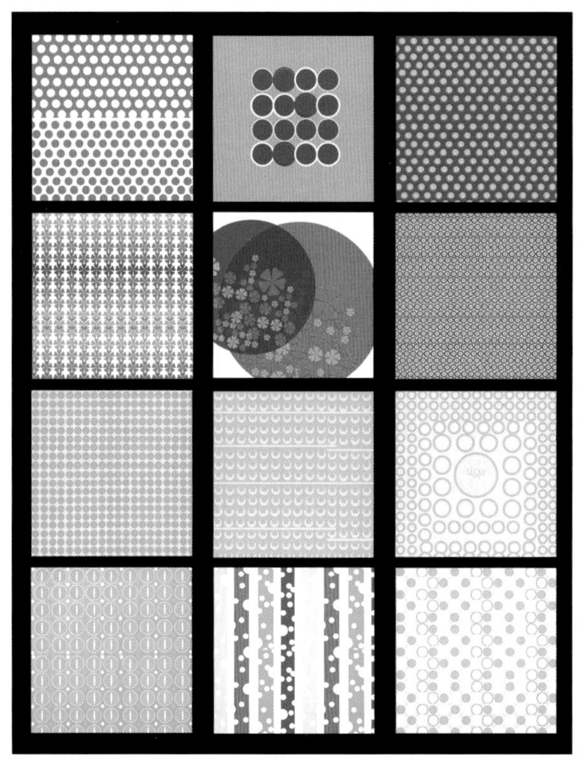

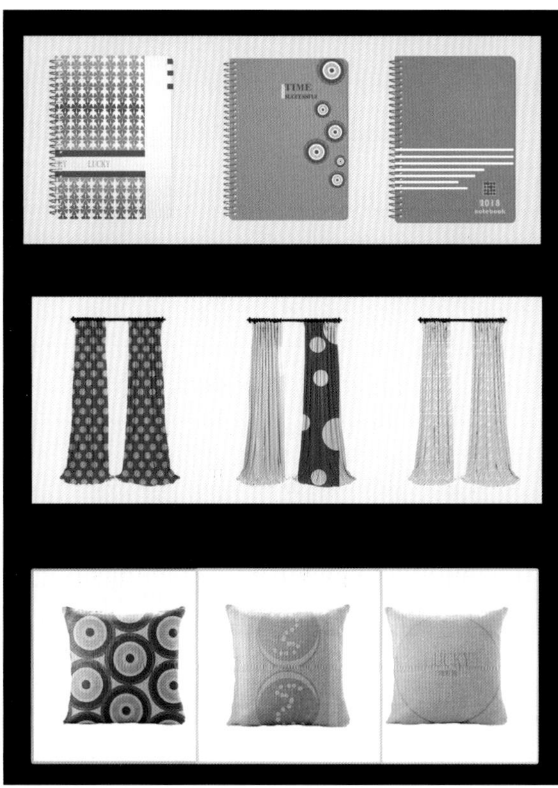

图 13.13　学生习作（冯燕）

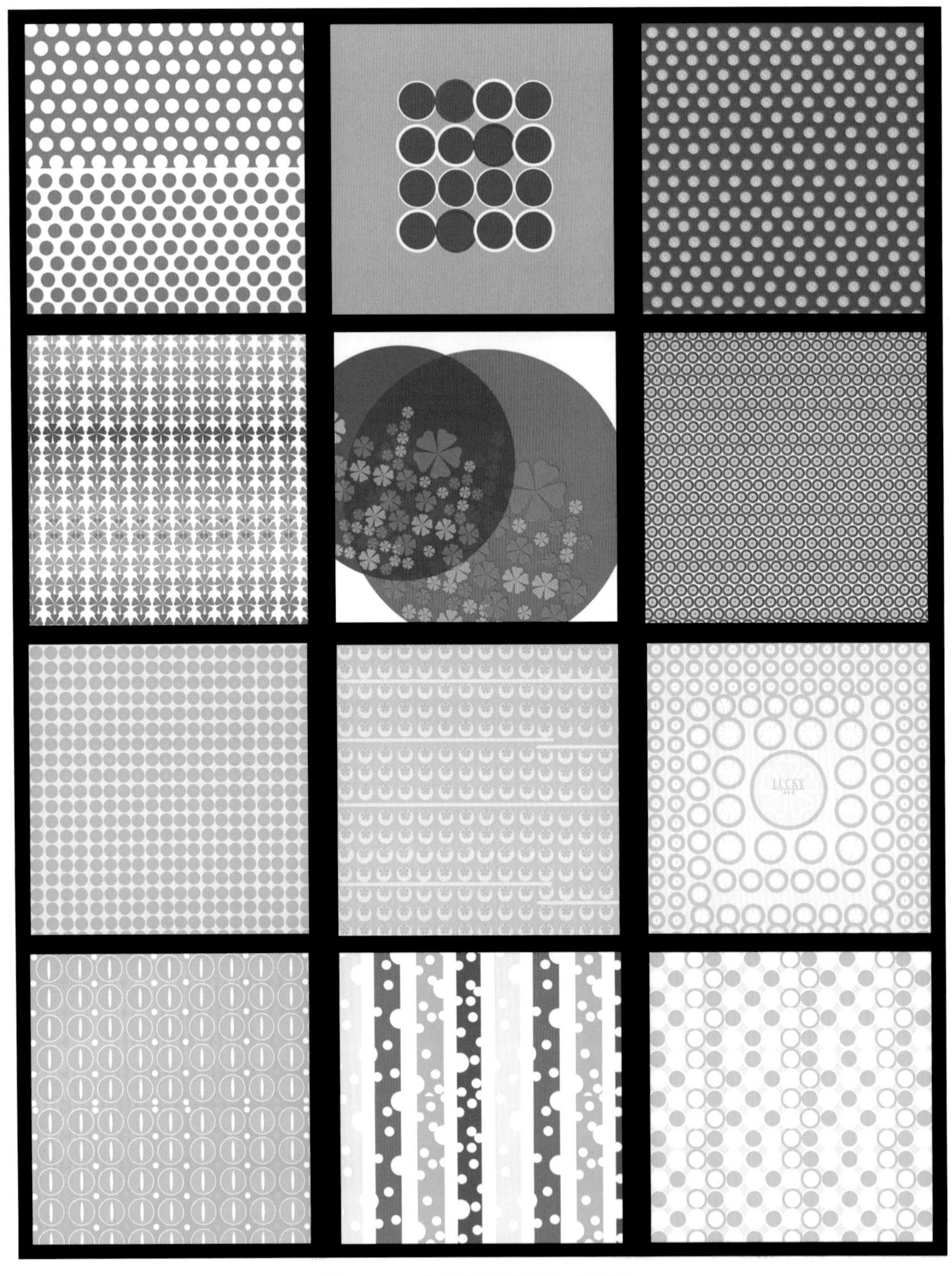

图 13.14　点的基本型设计（冯燕）

图 13.15　点的应用（冯燕）

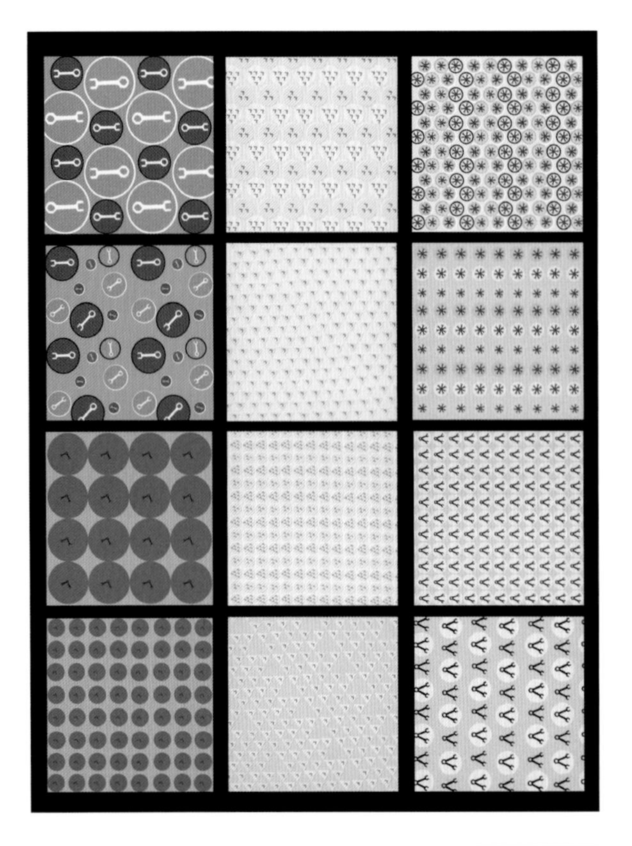

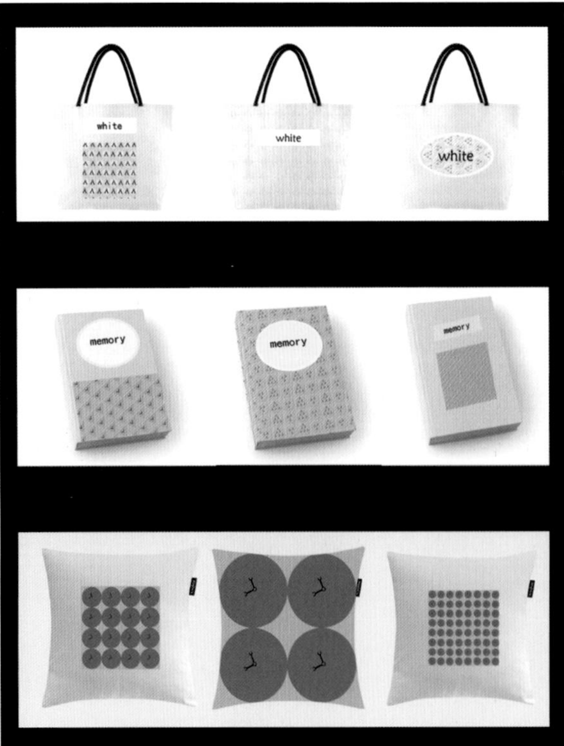

图 13.16　学生习作（刘彦）

图 13.17 点的基本型设计（刘彦）

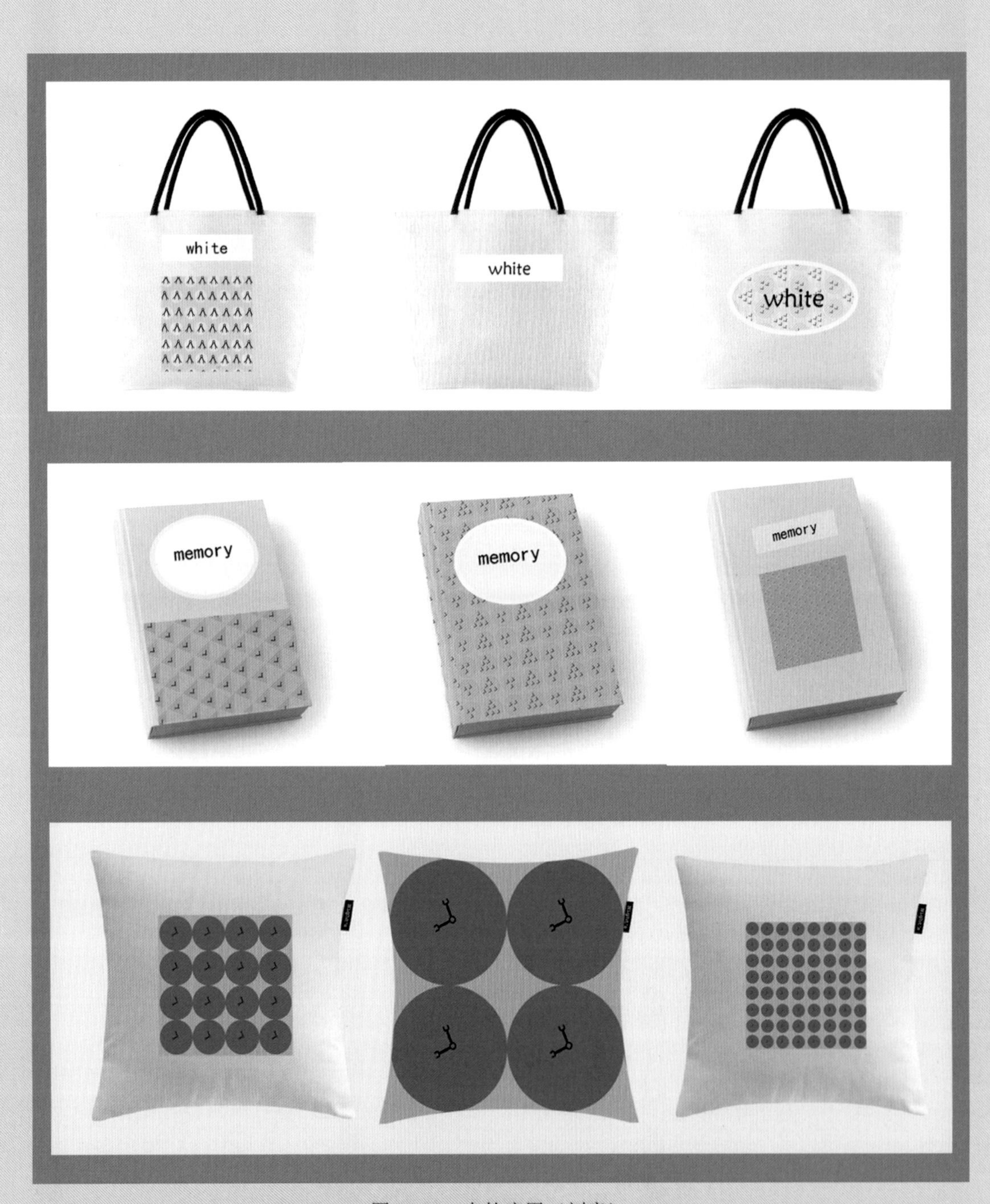

图 13.18　点的应用（刘彦）

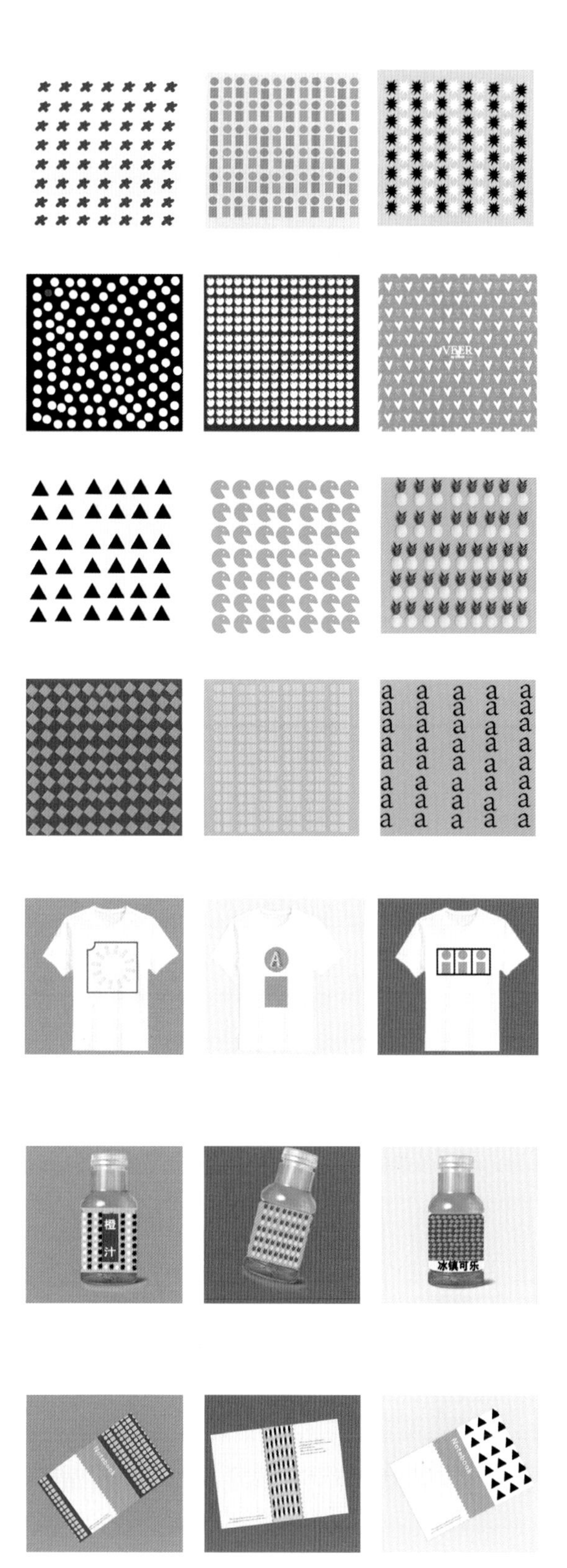

图 13.19　学生习作（周红玲）

图 13.20　点的基本型设计（周红玲）

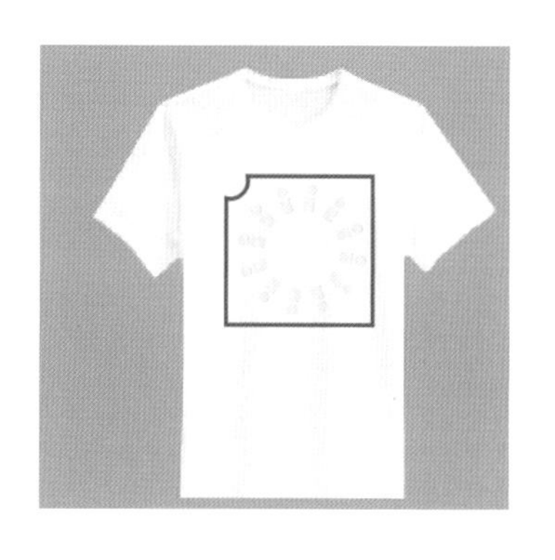

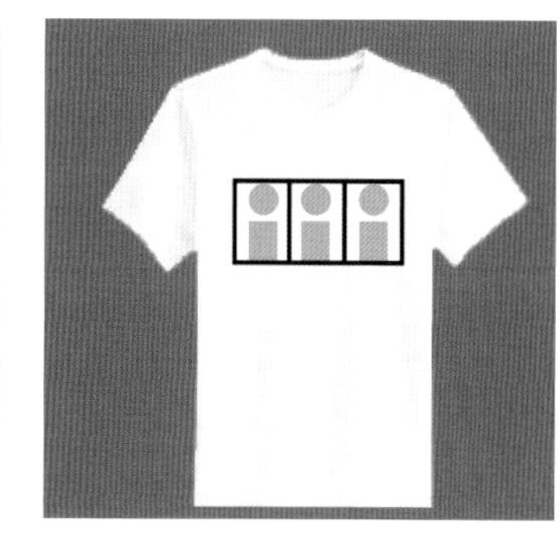

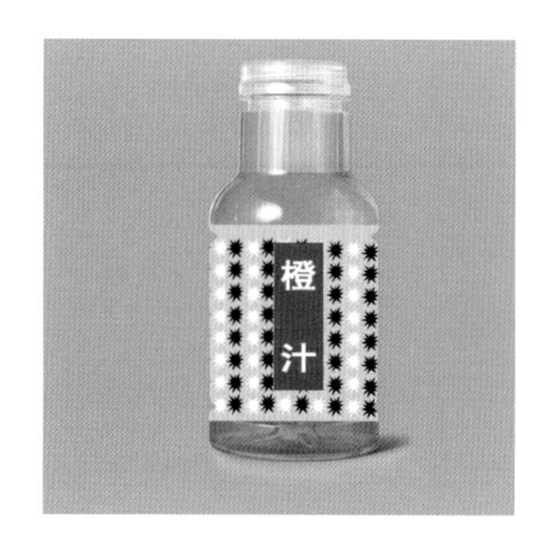

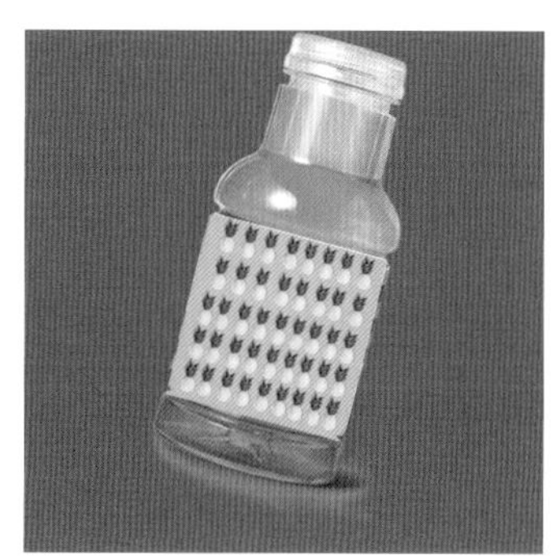

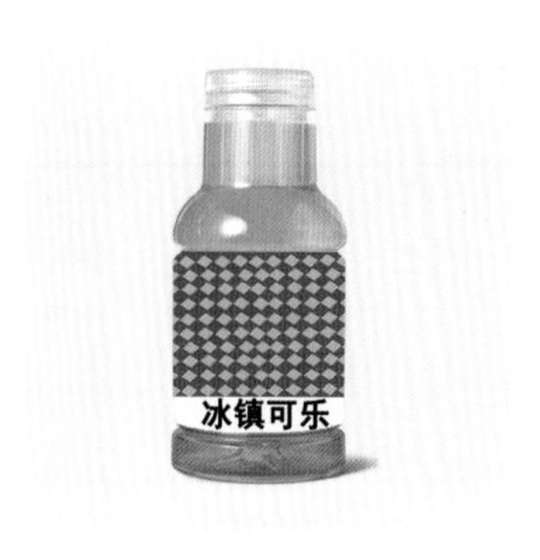

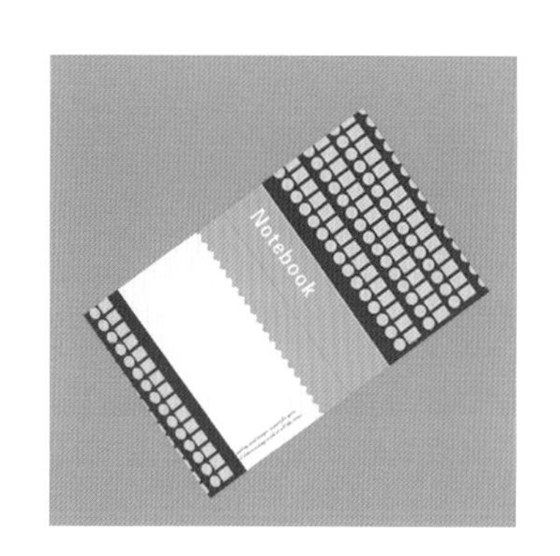

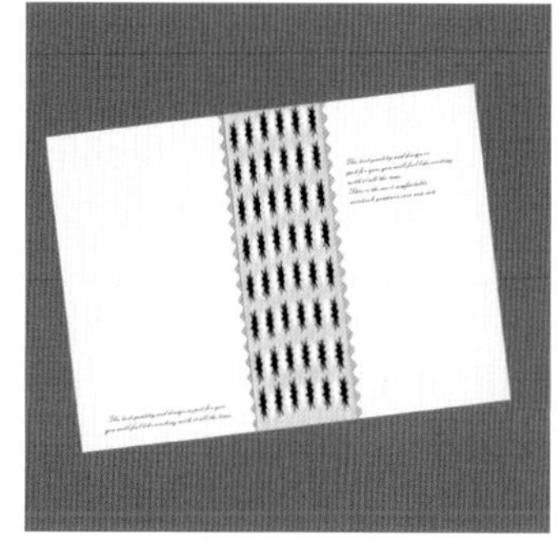

图 13.21　点的应用（周红玲）

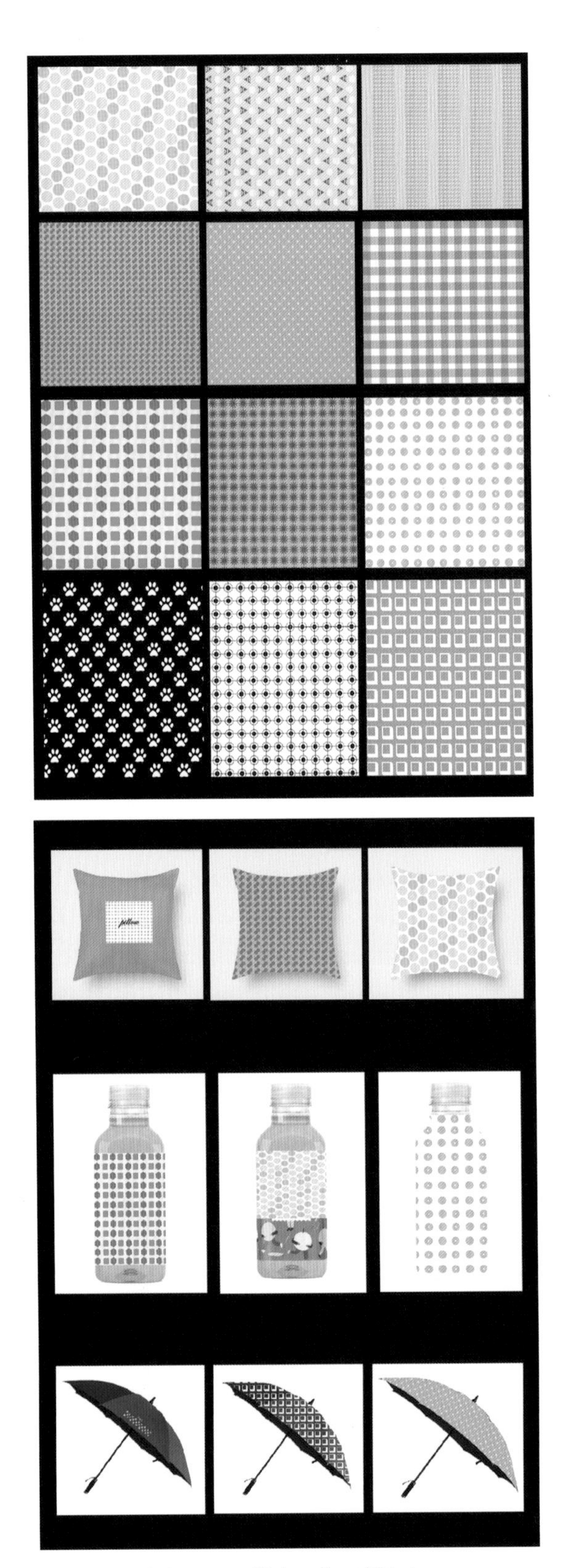

图 13.22　学生习作（周红）

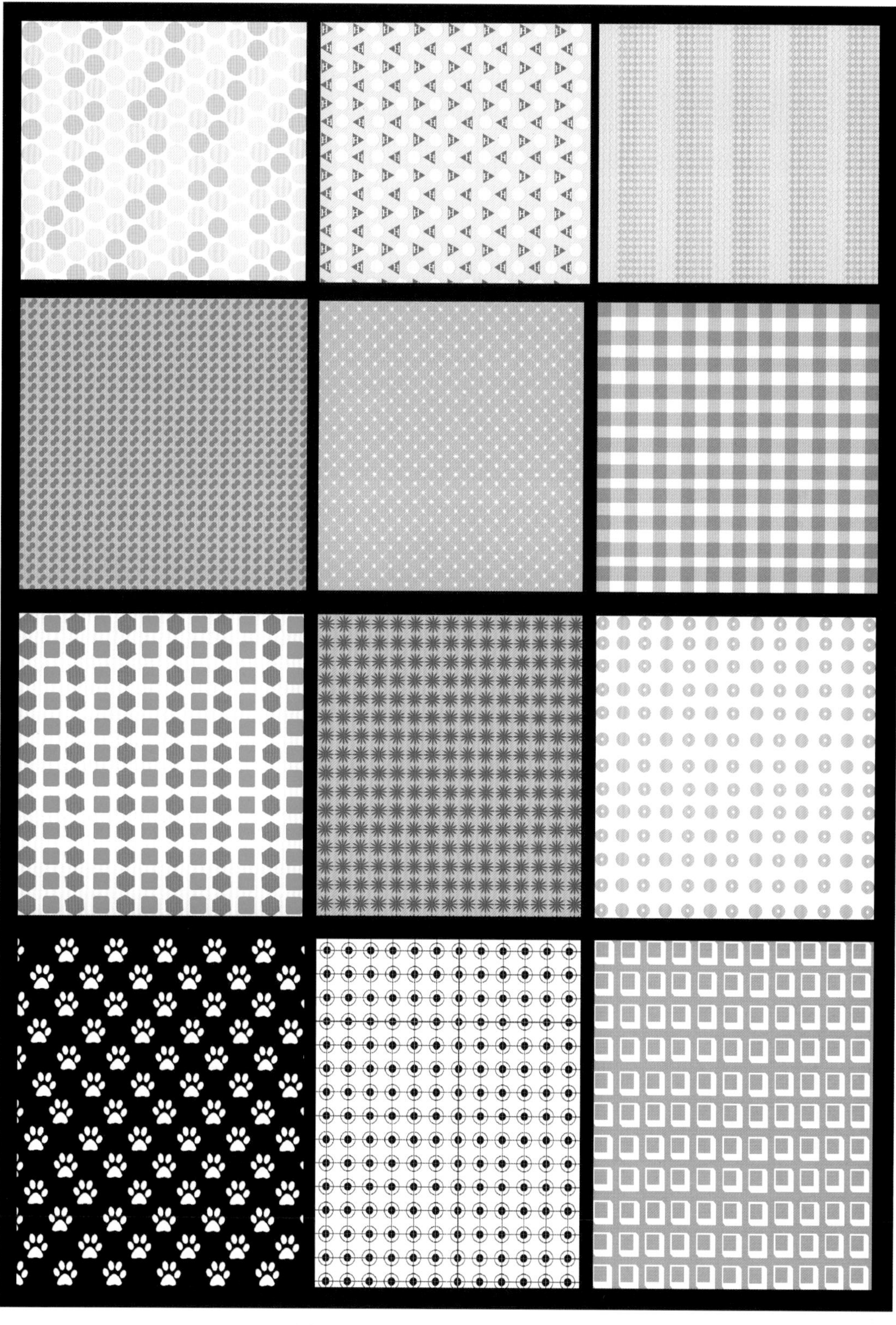

图 13.23　点的基本型设计（周红）

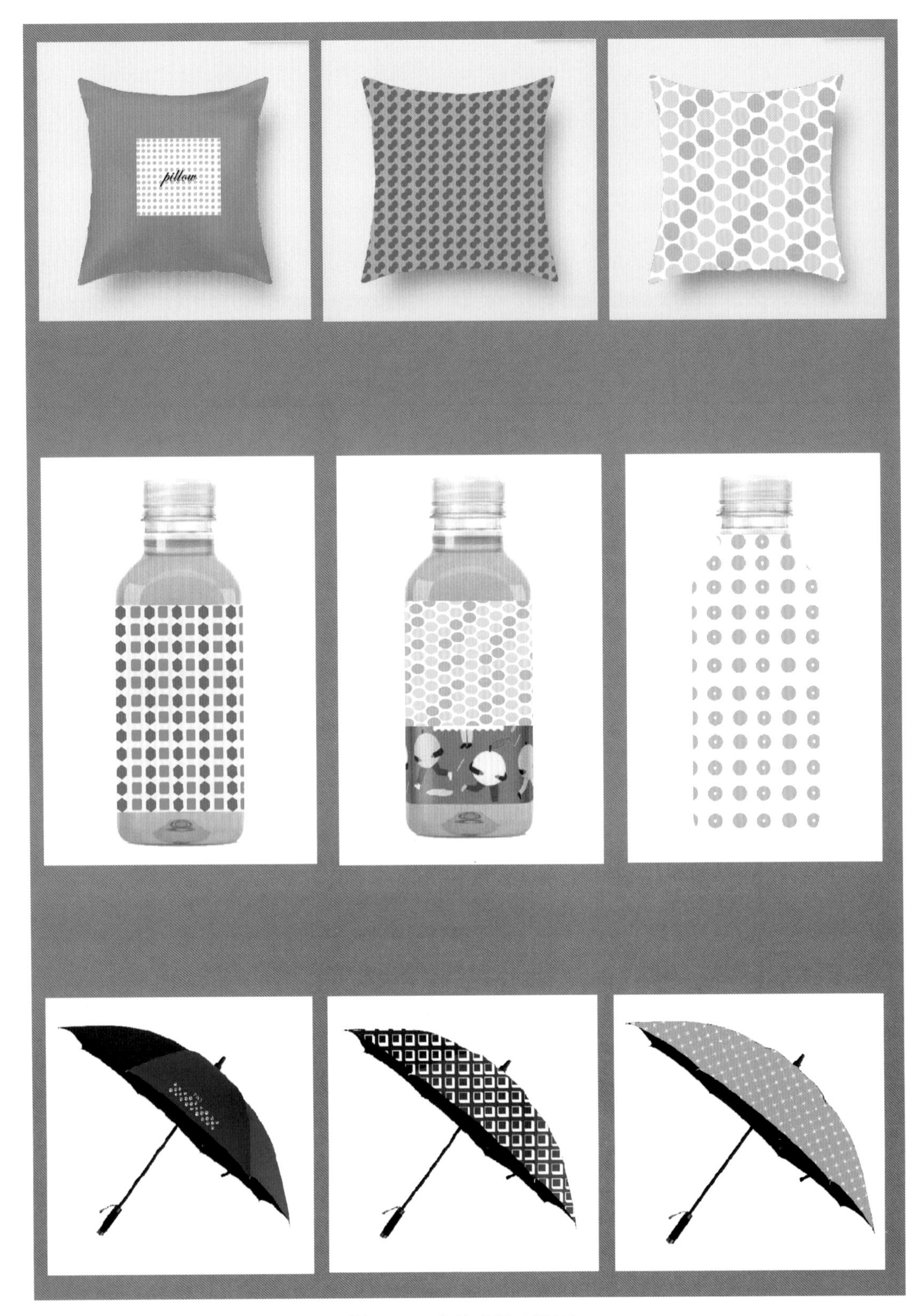

图 13.24　点的应用（周红）

考核要点

该学习情境，设计 12 个点的基本型，思考如何找到合适的应用载体，应用到 3 个不同的载体上，做点的演绎。在该学习情境中主要对以下项目进行过程考核：

（1）训练学生的创造能力。

（2）引导学生思考图形对载体、对主题的适应问题。

（3）培养学生“学以致用”的观念，帮助学生搭建从基础图形到设计运用之间的桥梁。

学习情境 14　图形的综合应用

学习要点

- 理解好图形的含义。
- 理解图形形态与应用载体、应用效果的关系。
- 培养对图形学以致用的能力。

任务描述

图形的应用拓展练习——根据自己创作的图形的特征，思考图形在应用上的拓展问题：不同的载体、不同的功能、不同的视觉氛围、……

相关知识

什么样的图形是好的图形？图形的好与坏不仅取决于图形本身的形态与品质，也与图形在应用中的实际情况，如应用载体、应用效果息息相关。

教学中在注意传授“图形语言”与“图形创意”知识的同时，将关注点延伸到了另一个非常实质性的“图形应用”问题。因此，从当代设计的教学理念与需求来看，对于图形的教学，不应该只停留在图形的创造与表现上，创造图形的最终目的往往会落实到图形的应用上，“学以致用”成为一个非常重要的教学环节。在以往的教学中，可能把更多的注意力放在图形本身上，如图形本身的质量、图形的创意等等，较多地追求图形本身的画面感、形式感。但这种教学模式也许在不经意中会滋长学生“为图形而图形”的习惯，会使学生无形中忽视对创造图形之目的思考与理解。最终可能导致在真正需要用图形去应对设计的时候，却无从下手、不知所措。

图形的应用，是一个既难又“易”的工作，关键的问题是如何引导学生“活学”，搭建从图形基础训练到图形应用的桥梁。采取一些行之有效的、丰富多彩的手段与方式，从一些很容易切入主题、可以被合理利用的载体，努力让学生能够轻松进入一个原本看似很有些严肃的创造氛围，真正进入倡导的“快乐学习”与“轻松设计”的状态。

任务实施

从图形语言到图形的表现与创意，是一种从认识对象到表现对象的过程，是一种对图形创作方法与规律的学习。然而涉及图形的最重要的问题，还是图形的具体应用问题。在做图形的基础训练的同时，要有意识地安排学生在课堂中“间接地”思考关于图形在应用上的实质性问题。

1．作业要求：图形应用拓展练习——根据自己创作的图形的特征，思考图形在应用上的拓展问题：不同的载体、不同的功能、不同的视觉氛围、……

2．作业数量：一组系列作品。

3．作业提示：这个练习的难度较前面练习的要大，因此需要根据不同的课时情况、不同的授课对象提出不同的表现范围与数量上的要求。

4．实施过程：在 Photoshop、Illustrator、CorelDRAW 应用软件中实施。

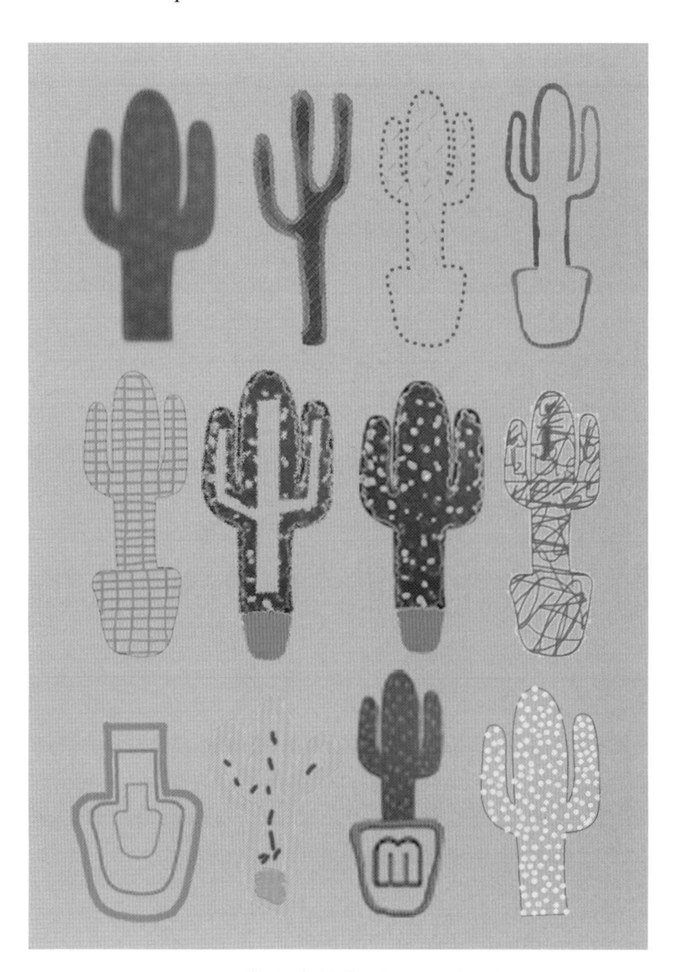

图 14.1　仙人掌基本型设计（杨露）

图 14.2　仙人掌图形应用（杨露）

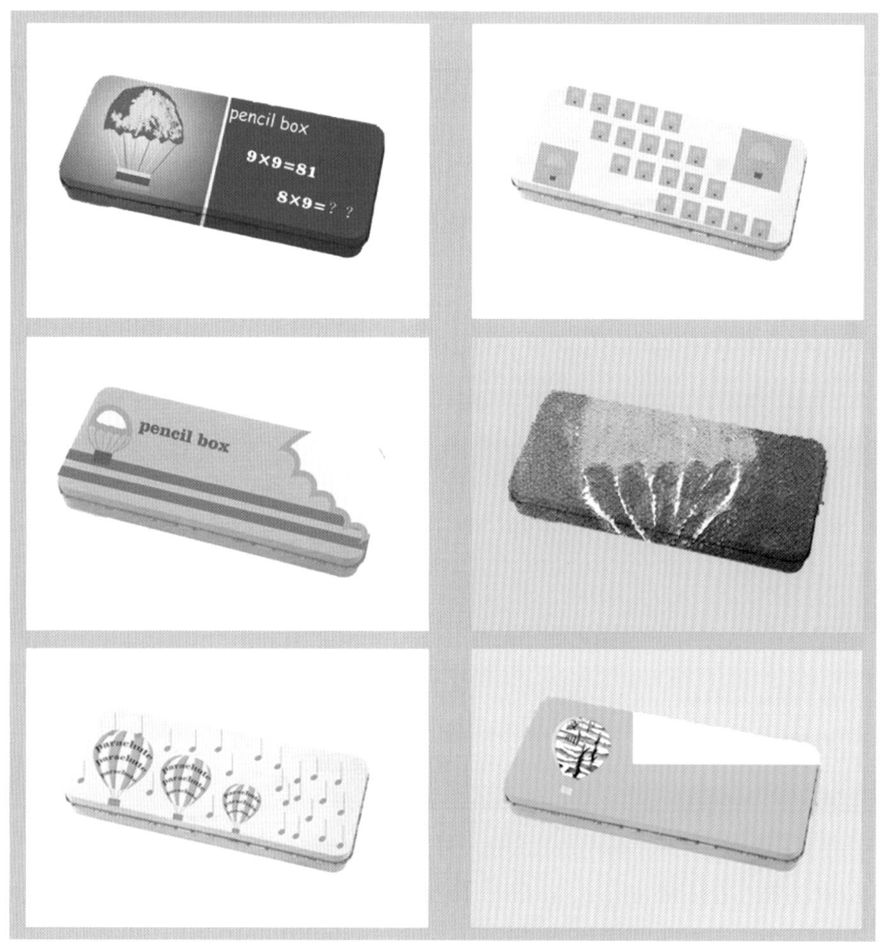

图 14.3　降落伞基本型设计及应用（冯燕）

图 14.4　降落伞基本型设计及应用（冯燕）

图 14.5　菠萝基本型设计（张欢）

图 14.6　菠萝基本型设计（张欢）

图 14.7 菠萝在不同载体上的应用（张欢）

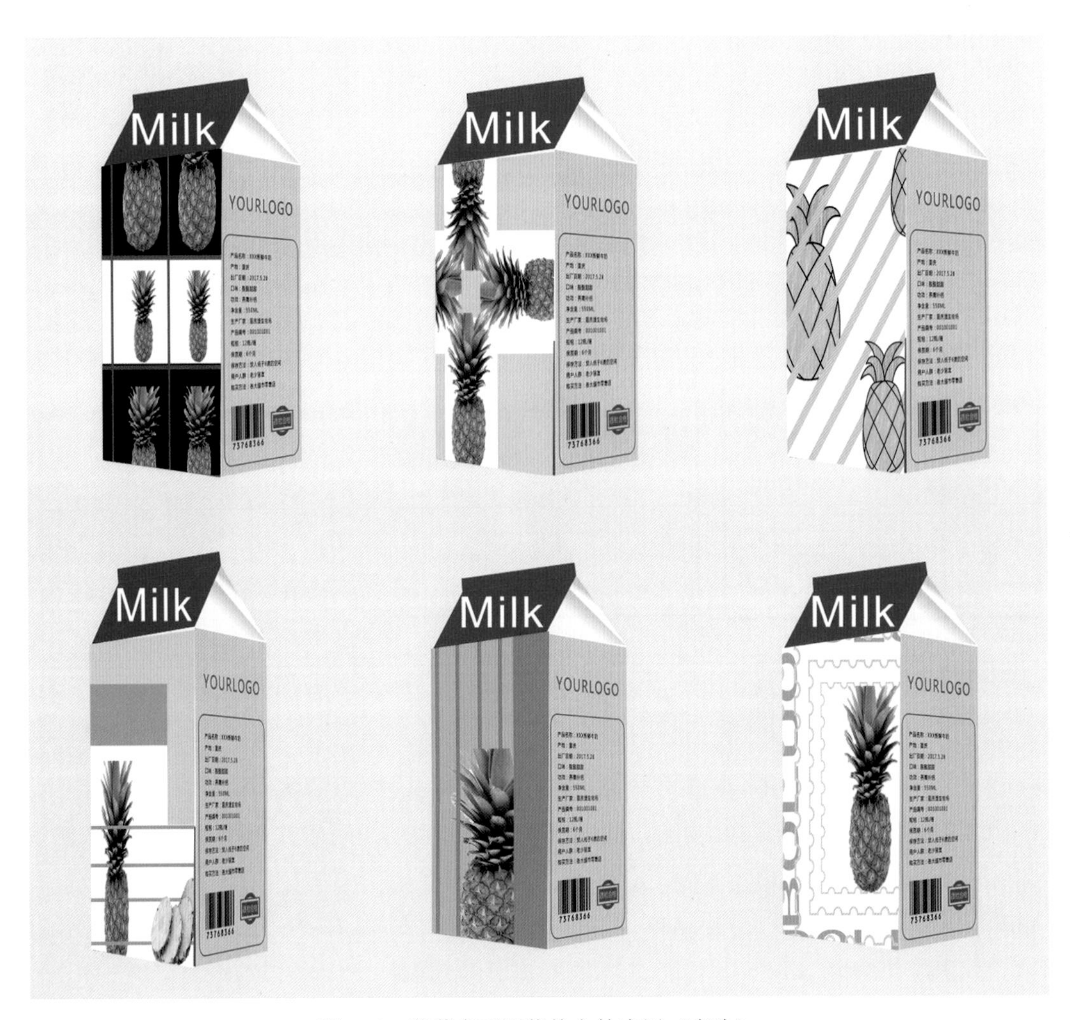

图 14.8 菠萝在不同载体上的应用（张欢）

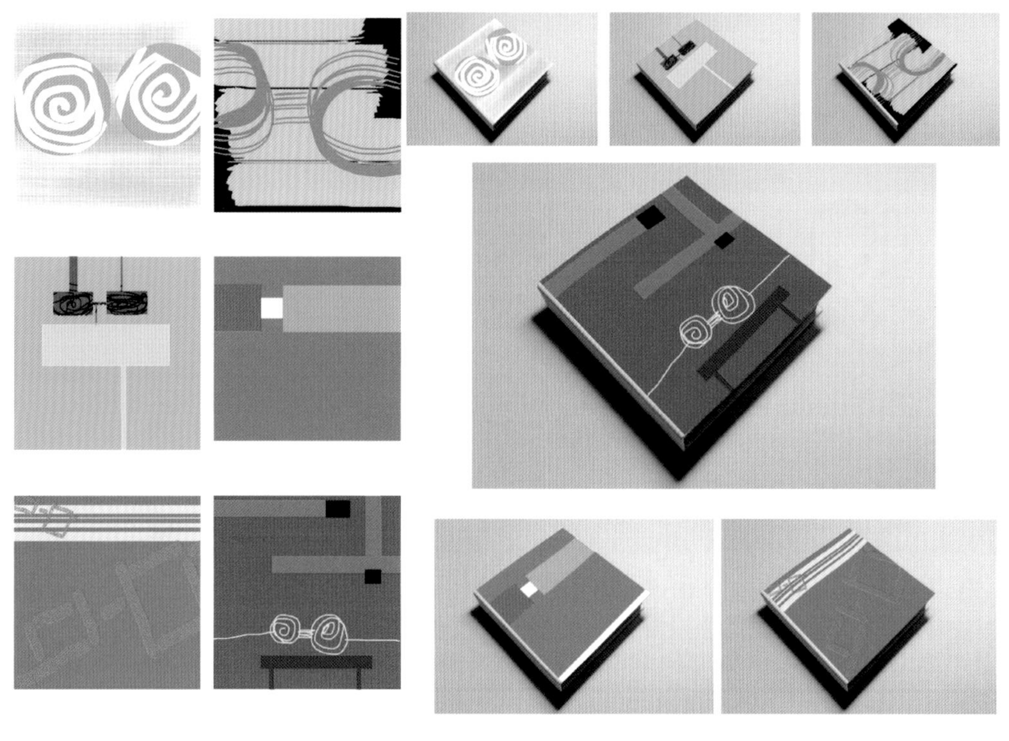

图 14.9　眼镜基本型设计及应用（李小卫）

图 14.10　眼镜基本型设计及应用（李小卫）

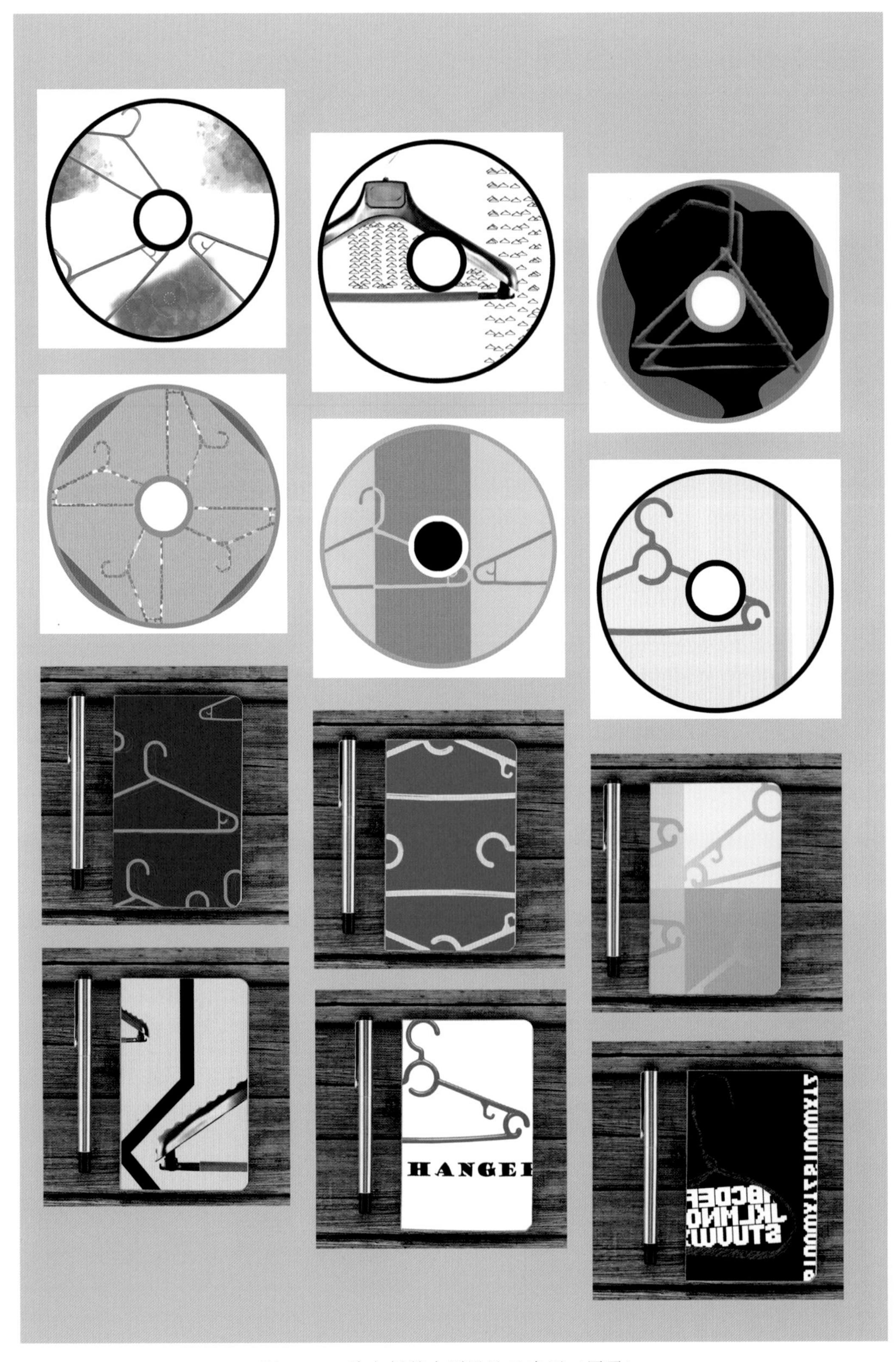

图 14.11　晾衣架基本型设计及应用（周寻）

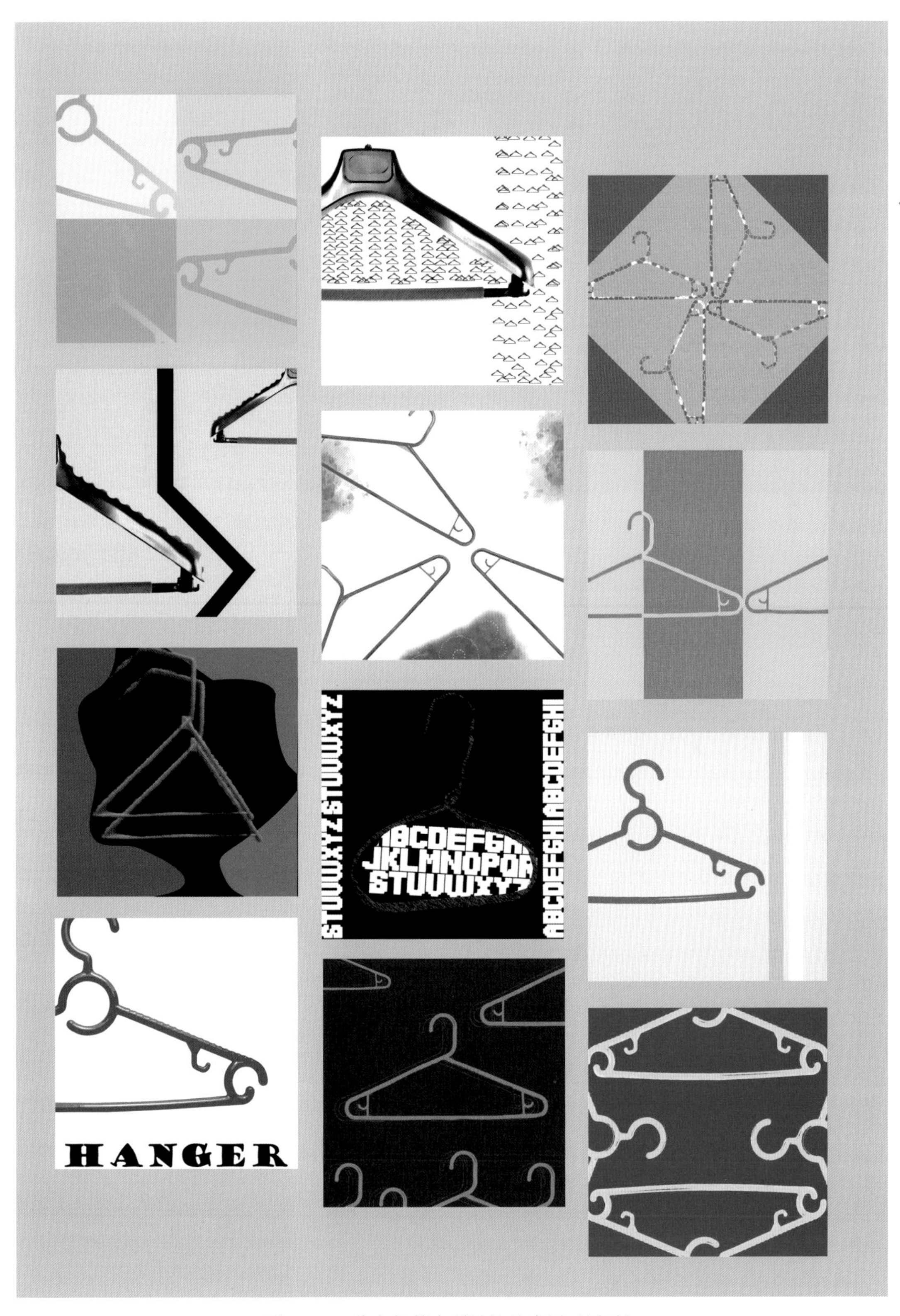

图 14.12 晾衣架基本型设计及应用（周寻）

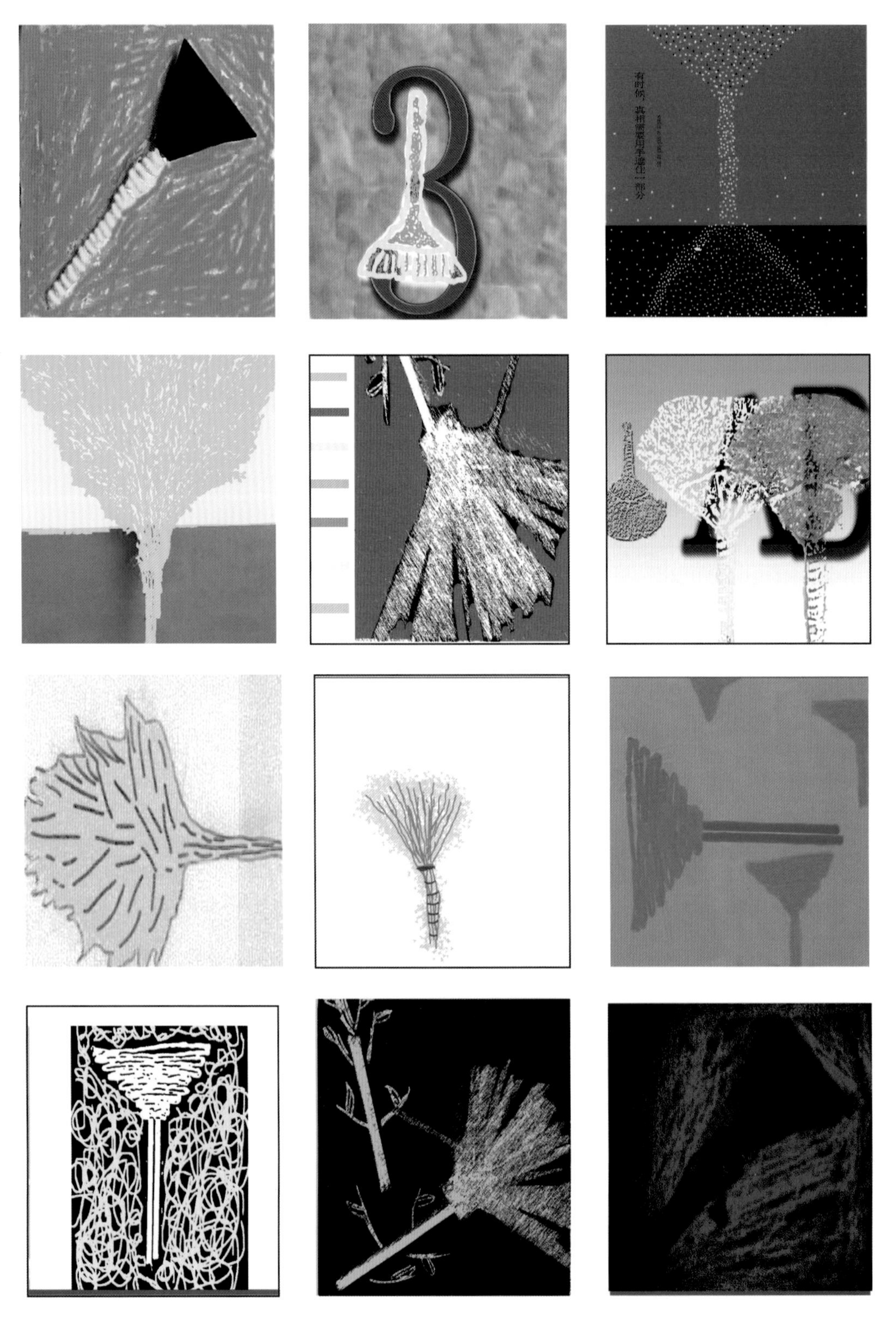

图 14.13　扫帚基本型设计（古朝霞）

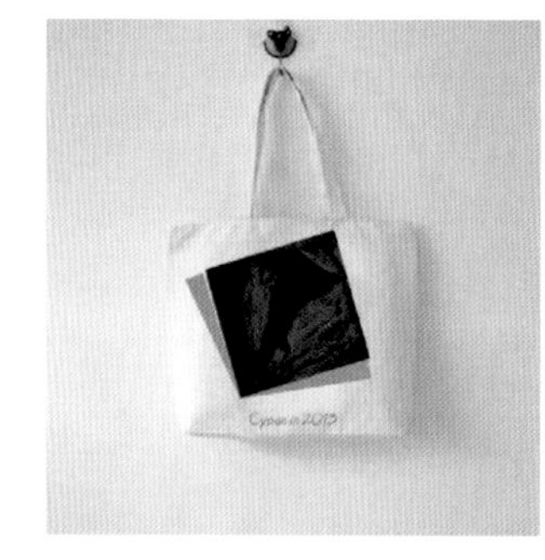

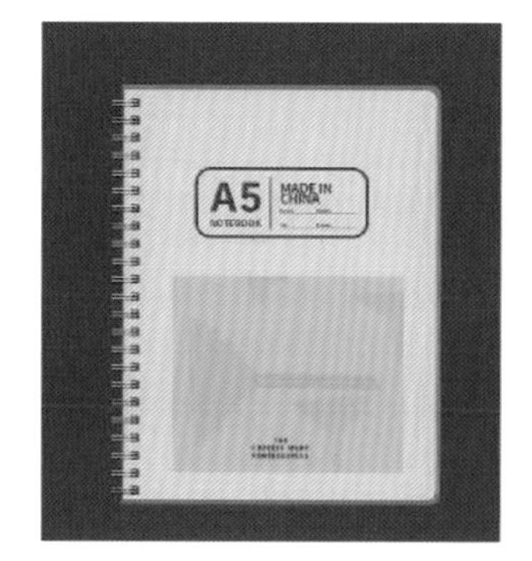

图 14.14 扫帚在不同载体上的应用（古朝霞）

图 14.15　树基本型设计（徐珊珊）

图 14.16　树在不同载体上的应用（徐珊珊）

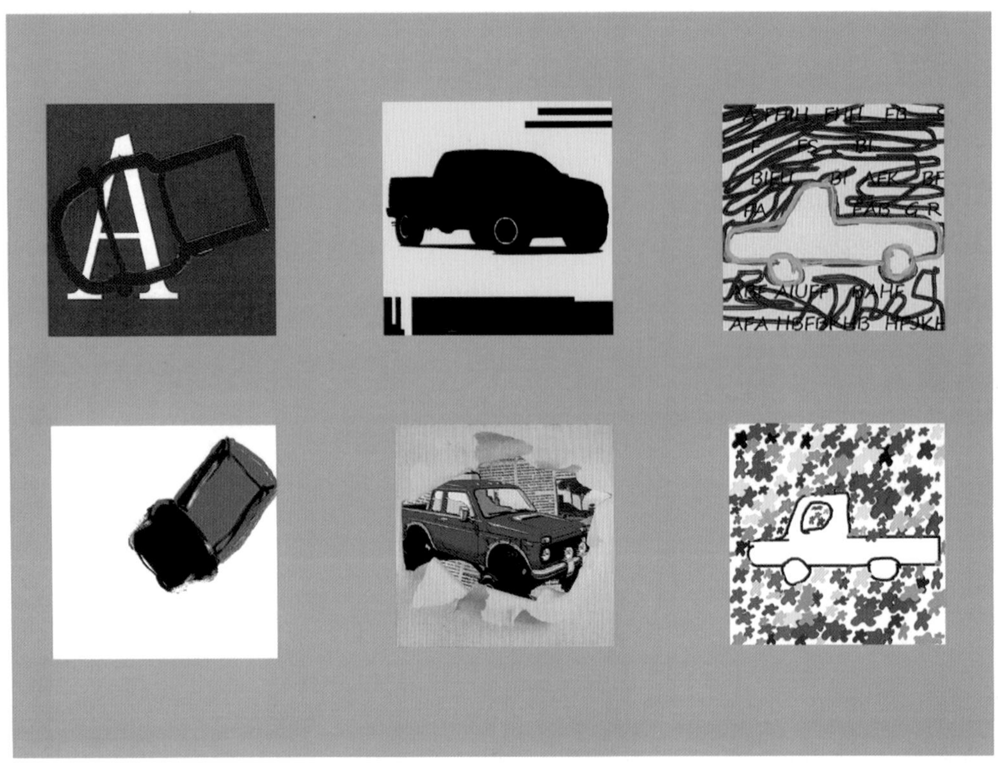

图 14.17　皮卡车基本型设计及应用（隆宇）

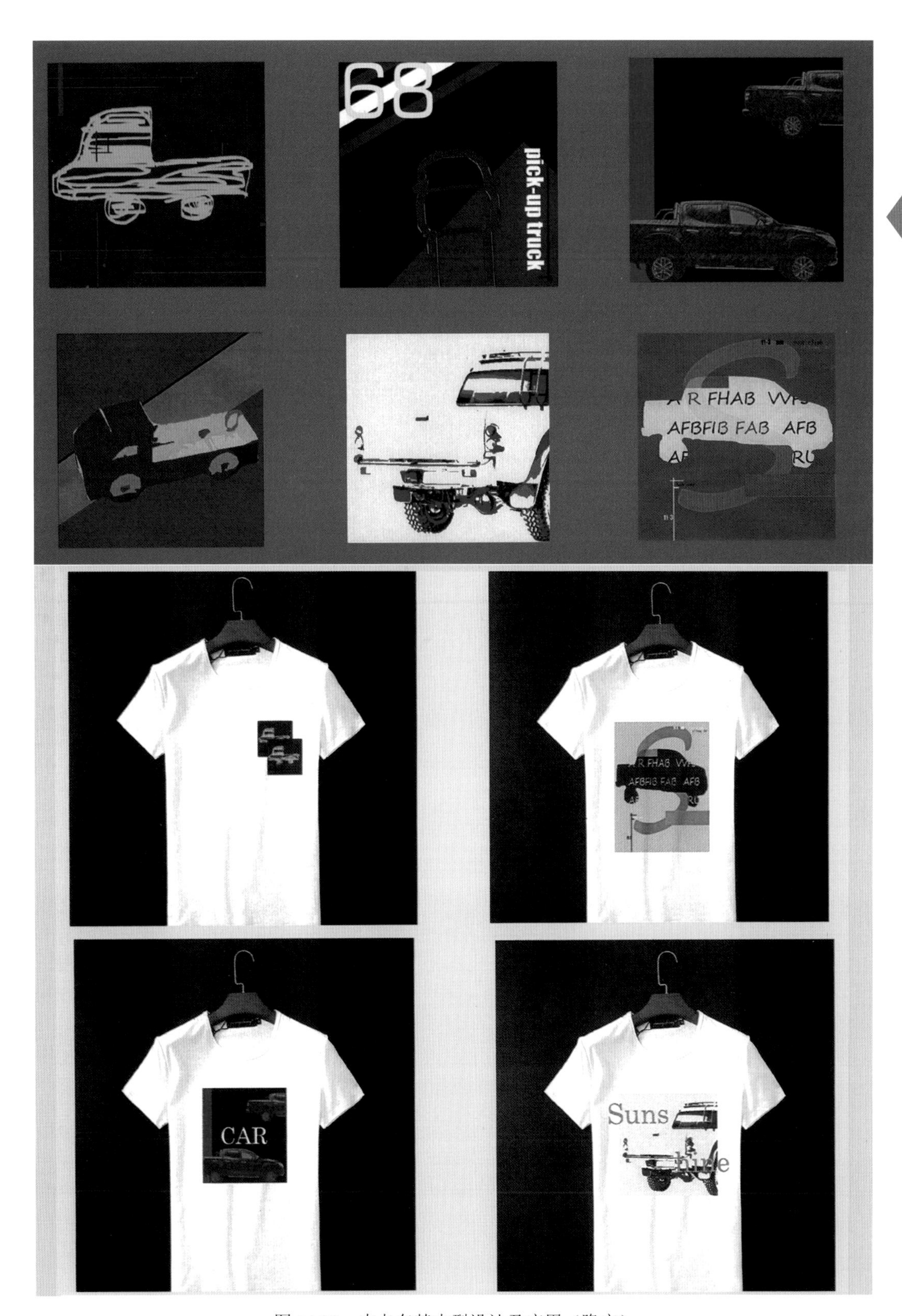

图 14.18 皮卡车基本型设计及应用（隆宇）

考核要点

该学习情境，根据自己前阶一段创作的图形特征，思考图形在应用上的拓展问题。在该学习情境中主要对以下项目进行过程考核：

（1）训练学生的创造能力。

（2）考核图形对载体、对主题的适应问题以及不同视觉氛围的营造。

（3）培养学生“学以致用”的观念，帮助学生搭建从基础图形到设计运用之间的桥梁。

参考文献

[1] 陈珊妍．图形创意设计 [M]．南京：东南大学出版社，2016.

[2] 林家阳．图形创意 [M]．北京：高等教育出版社，2017.

[3] 王建辉．图形创意 [M]．北京：人民美术出版社，2011.

[4] 王雪青，郑美京．图形语言与设计 [M]．上海：上海人民美术出版社，2012.

[5] 张晓蓉．视觉传达（设计）中的图形创意及设计研究 [M]．北京：中国纺织出版社，2018.

[6] 欧阳昌海．图形创意 [M]．北京：中国青年出版社，2017.

[7] 任莉，庞博．图形创意 [M]．北京：中国建筑工业出版社，2013.

[8] 王荦思，袁浩鑫．图形设计突破日常经验的视觉创意 [M]．北京：中国纺织出版社，2017.